AF278308

El código internacional de gestión de la seguridad (ISM CODE)

Análisis e implicaciones jurídicas

Jaime Rodrigo de Larrucea

POSTGRAU

UNIVERSITAT POLITÈCNICA
DE CATALUNYA
BARCELONATECH

Primera edición: septiembre de 2025

© Jaime Rodrigo de Larrucea, 2025
© Iniciativa Digital Politècnica, 2025
Oficina de Publicacions Acadèmiques Digitals de la UPC
Edificio K2M, Planta S1, Despacho S103-S104
Jordi Girona 1-3, 08034 Barcelona
Tel.: 934 015 885
www.upc.edu/idp
E-mail: info.idp@upc.edu

Producción: Service Point
              Pau Casals, 161-163
              08820 El Prat de Llobregat (Barcelona)

ISBN: 979-13-87613-72-3
ISBN digital: 979-13-87613-73-0
DL: B 17033-2025
DOI: 10.5821/ebook-9791387613730

A Mercedes por estar siempre ahí

Prólogo

El propósito de esta publicación es presentar una visión actualizada y lo más panorámica posible del Código internacional de la gestión de la seguridad (CIGS), destinado a las universidades marítimas superiores y a las escuelas técnicas superiores de Ingeniería Naval, Caminos, etc. Igualmente, creemos que puede ser de gran utilidad para los profesionales de la industria que ejercen en el ámbito del derecho marítimo, la gestión portuaria y la seguridad marítima.

El CIGS, a pesar de ser la pieza angular de la seguridad marítima y la esencia del estándar jurídico de la navegabilidad, es un auténtico desconocido. Los contenidos de esta materia se suelen adquirir a lo largo de la vida profesional y con aproximaciones parciales o limitadas durante la formación universitaria, generalmente en el marco de las asignaturas de derecho o seguridad marítima.

Desde esta perspectiva, el CIGS se trata de forma global en referencia a sus preceptos, el sistema de gestión de la seguridad y sus componentes, la auditoría y certificación, las técnicas de análisis de riesgos y las consecuencias jurídicas, y su impacto en el negocio marítimo.

El transporte marítimo se adentra en el campo de la ingeniería de sistemas, lo que le dota de una mayor complejidad. En ese contexto, el factor humano resulta esencial: ya no hablamos de un objeto (el buque), sino de la interrelación entre el mismo y las personas y su entorno (los puertos), en un sistema organizado sobre el análisis de los probables riesgos estructurales y operativos de la navegación. Igualmente, produce un importante impacto sobre la gestión de las infraestructuras y las empresas.

Por otra parte, el CIGS tiene ya una existencia de casi 30 años, lo que nos permite con mucha prudencia pronunciarnos sobre sus deficiencias e implementación de propuestas de mejora que responden a una reflexión estrictamente personal basada en la experiencia empírica.

Deseamos que el presente libro contribuya eficazmente a la difusión de la cultura de la seguridad marítima y portuaria. No queremos finalizar esta nota de presentación sin aclarar que una parte muy valiosa de las ideas contenidas en la publicación responde a las opiniones de estimados profesionales, colegas y exalumnos. A todos ellos, mi más sincero agradecimiento. Por el contrario, las inexactitudes o insuficiencias son solo atribuibles al autor.

Barcelona, 2025

Jaime Rodrigo de Larrucea

Contenido

Lista de abreviaturas

ALARP: Tan bajo como sea razonablemente factible (As Low As Reasonably Practicable).

Art./Arts.: Artículo/s.

BIMCO: Conferencia Internacional Marítima Báltica (Baltic International Maritime Conference).

CAF: Costo de evitar una fatalidad (Cost of Averting a Fatality).

CE: Consejo de Europa.

Circ.: Circular.

CGS: Certificado de gestión de seguridad.

COGSA: Ley de transporte marítimo de mercancías inglesa 1971 (Carriage of Goods by Sea Act).

CSM: Manual de Sujeción de Carga (Cargo Securing Manual). También puede indicar Comité de Seguridad Marítima OMI.

CCTV: Circuito Cerrado de Televisión (Closed Circuit Television).

DGMM: Dirección General de la Marina Mercante.

DPA: Persona Designada en Tierra (Designated Person Ashore).

DOC/DC: Documento de Cumplimiento (Document of Compliance).

EFS: Evaluación Formal de Seguridad.

EPC: Ingeniería, Adquisición y Construcción (Engineering, Procurement and Construction).

FAL: Convenio de Facilitación del Tráfico Marítimo Internacional 1965/2016.

FSA: Evaluación Formal de la Seguridad (Formal Safety Assessment).

GCAF: Coste bruto de evitar una fatalidad (Gross Cos of Averting a Fatality).

GISIS: Sistema de Información Integrada sobre Transporte Marítimo OMI.

GPS: Sistema de Posicionamiento Global (Global Positioning System).

HAZID: Identificación de Peligros (Hazard Identification).

HAZOP/AFO: Análisis Funcional de Operatividad (siglas en español), Hazard and Operability (siglas en inglés).

HRA: Fiabilidad humana (Human Reliability Analysis).

HSC: Código de naves de alta velocidad 2000 OMI (High-Speed Craft Code).

IACS: Asociación Internacional de Sociedades de Clasificación (International Association of Classification Societies).

IC: Certificado provisional (Interim Certificate).

ICS: Cámara Naviera Internacional (International Chamber of Shipping).

IGS/ISM/CIGS: Código Internacional de Gestión de Seguridad (International Safety Management Code).

INTERCARGO: Asociación Internacional de Armadores de Buques Graneleros (International Association of Dry Cargo Shipowners).

INTERTANKO: Asociación Internacional de Propietarios Independientes de Petroleros (International Association of Independent Tanker Owners).

ISO: Organización Internacional de Normalización (International Organization for Standardization).

ISO 9000: Norma de la Organización Internacional de Normalización (International Organization for Standardization).

IUMI: Unión Internacional de Seguros Marítimos (International Union of Marine Insurance).

KPI: Indicador Clave de Desempeño (Key Performance Indicator).

LLMC: Convenio sobre la Limitación de en Materia de Reclamaciones Marítimas 1976/96 (Convention on Limitation of Liability for Maritime Claims).

LNM: Ley de Navegación Marítima 2014 (Ley 14/2024).

MAIB: Rama de Investigación de Accidentes Marinos (Marine Accident Investigation Branch) de la Administración marítima inglesa (MCA).

MARPOL: Convenio Internacional para Prevenir la Contaminación por los Buques OMI 1973-78 (International Convention for the Prevention of Pollution from Ships).

MCA: Agencia Marítima y de Guardacostas UK (Maritime and Coastguard Agency).

MEPC: Comité de Protección del Medio Marino OMI (Marine Environment Protection Committee).

MIA: Ley inglesa de Seguro Marítimo 1906 (Marine Insurance Act).

MITMA: Ministerio de Transportes y Movilidad Sostenible.

MGS: Manual de Gestión de Seguridad.

MLC: Convenio de Trabajo Marítimo OMI/OIT 2006 (Maritime Labour Convention).

MODU: Unidad Móvil de Perforación Offshore (Mobile Offshore Drilling Unit).

MoU: Memorando de Entendimiento (Memorandum of Understanding).

MSC: Comité de Seguridad Marítima OMI (Maritime Safety Committee).

NC: No conformidad.

NCAF: Coste neto de evitar una fatalidad (Net Cost of averting a fatality).

NCM: No conformidad mayor.

NTSB: National Transportation Safety Board-USA.

Obs.: Observaciones.

OHSAS: Salud ocupacional y series de evaluación de la seguridad (Occupational Health and Safety Management System).

OIT/ILO: Organización Internacional del Trabajo.

OMI: Organización Marítima Internacional (Agencia especializada de Naciones Unidas para el medio marino).

OPB: Oficial de protección del buque.

OPC: Oficial de protección de la compañía.

OR: Organización reconocida.

PI: Indicadores de desempeño (Performance Indicators).

PMSC: Código inglés de Seguridad Marítima y Portuaria (Port Marine Safety Code).

PSC: Control por el Estado rector del puerto (Port State Control).

PSCO: Oficial de control del Estado del Puerto (Port State Control Officer).

PBIP: Código Internacional para la Protección de los Buques y de las Instalaciones Portuarias 2002 OMI.

QRA: Evaluación cuantitativa de riesgos (Quantitative risk assessment).

RCM: Medidas de control de riesgos potenciales (Risk Control Measures).

RCO: Opciones de control de riesgo (Risk Control Options).

RHV: Reglas de La Haya-Visby 1924-68-79.

RI: Riesgo individual.

RID: Diagramas de influencia regulatoria (Regulatory Influence Diagrams).

SAC: Sistema armonizado de reconocimiento y certificación.

SCA: Enfoque de seguridad del caso (Safety Case Approach).

SEA: Acuerdo de empleo para la gente de mar (Seafarers Employment Agreement).

SFARP: Siempre y cuando sea razonablemente factible (So Far as Is Reasonably Practicable).

SGS/SMS: Sistema de gestión de seguridad (Safety Management System).

SMC: Certificado de gestión de seguridad (Safety Management Certificate).

SOLAS: Convenio internacional para la seguridad de la vida humana en el mar 1974/78 (Safety of Life at Sea).

SOPEP: Plan de emergencia a bordo en caso de contaminación por hidrocarburos (Shipboard Oil Pollution Emergency Plan).

STCW: Convenio internacional sobre normas de formación, titulación y guardia para la gente de mar 1978-95/2010 OMI (Standards of Training, Certification, and Watchkeeping).

UE: Unión Europea.

Índice de tablas

Índice de figuras

1

Relevancia del código IGS y sus antecedentes. Últimos desarrollos

1.1 Introducción y relevancia del Código IGS

El Código internacional de gestión de la seguridad operacional del buque y prevención de la contaminación (código IGS/ISM o CIGS) establece un nuevo marco normativo en el ámbito internacional para garantizar la gestión y operación segura de los buques, así como la prevención de la contaminación. El Código IGS nació a partir de una serie de trágicos accidentes que evidenciaron la creciente necesidad de reforzar la seguridad en la industria marítima y supone un cambio total en la gestión de la seguridad. Las magnitudes de dicho cambio son exponenciales y resulta difícil predecir su alcance en el momento actual. En 1998, el secretario general de la OMI, O'Neill afirmaba:[1]

> *Anteriormente, los intentos de la OMI de mejorar la seguridad del transporte marítimo y prevenir la contaminación de los buques se habían dirigido en gran medida a mejorar el soporte físico del transporte marítimo, por ejemplo, la construcción de los buques y su equipo. El Código ISM, en comparación, se concentra en la forma en que se gestionan las compañías navieras. Esto es importante, porque sabemos que los factores humanos son responsables de la mayoría de los accidentes en el mar, y que muchos de ellos pueden atribuirse en última instancia a la gestión. El Código está ayudando a elevar los estándares y prácticas de gestión y, por lo tanto, a reducir los accidentes y salvar vidas.*

La importancia del Código y la razón principal del presente estudio puede ser analizada desde una perspectiva centrada en la gestión de la seguridad marítima, así como a través de las consecuencias jurídicas de las obligaciones que conlleva dicho Código a la luz del derecho marítimo.

---

1   Ver noticia de la declaración en https://www.marinelink.com/news/implementation-enters318137.

Está bien establecido que, en el plano conceptual, la seguridad marítima y la navegabilidad son aspectos indisociables (que trataremos más adelante con más detalle), pero podemos avanzar la convicción de que la gestión operacional de la seguridad marítima se configura como un presupuesto esencial del estándar jurídico de la navegabilidad.

Seguridad marítima

Desde una perspectiva centrada en la gestión de la seguridad:

a) La introducción de un planteamiento proactivo de la seguridad marítima a través del análisis, evaluación y gestión del riesgo. Ello conlleva el cambio de un modelo *ex post* a partir de los accidentes (*accidents models*) ocurridos en el pasado de cara a evitar su repetición, a un modelo preventivo basado en el riesgo (*risks models*).

b) El tránsito de una cultura de cumplimiento prescriptivo normativo a una cultura de seguridad; la propia OMI en su resolución de la OMI A.913(22) señala: "La aplicación del Código ISM debería respaldar y favorecer el desarrollo de una cultura de seguridad en el sector naviero". La implantación efectiva del Código IGS debería suponer un reemplazo de la cultura del cumplimiento "irreflexivo" de normas externas por una cultura de autorregulación "reflexiva" de la seguridad, esto es, el desarrollo de una "cultura de la seguridad". La cultura de la seguridad implica avanzar hacia una cultura de *self regulation*, en la que todos los individuos —sin excepción— se sientan responsables y comprometidos con las medidas adoptadas para mejorar la seguridad y el funcionamiento del sistema.

c) Un tratamiento específico para cada buque y compañía: asumiendo que no hay dos compañías navieras, ni dos propietarios de buques, iguales y que los buques operan en una amplia gama de condiciones diferentes, el Código se basa en principios y objetivos generales que incluyen la evaluación de todos los riesgos identificados para los buques, el personal y el medioambiente de una compañía y el establecimiento de las medidas adecuadas.

d) El Código instaura un sistema transparente de gestión de la seguridad marítima (Transparency System), con una identificación individual: *qué hace quién, y quién hace qué*; con el nombramiento de una *persona designada en tierra* DPA (Designated Person Ashore), figura sin precedentes en el ámbito de los convenios internacionales (aunque sí en el derecho inglés), que asegura el vínculo buque-tierra, impidiendo al naviero desconocer la realidad operativa del buque.[2] Todo ello genera una autorresponsabilidad del

---

2   Ver PAMBORIDIS, G.P. (1996) en The *ISM Code: Potencial Legal Implications*. 2 Int. ML 56-62. In & ANDERSON, P: *ISM Code: A practical guide to the legal and insurance implications*; Lloyd's Practical Shipping Guides: "En

naviero que se traduce, de forma esquemática y sencilla, en: diga lo que hace; haga lo que dice; muestre que hace lo que dice.3 El SGS (Sistema de Gestión de la Seguridad) de a bordo y de la compañía identifica a cada uno de los responsables y sus respectivas competencias. Todo ello supone una responsabilidad compartida en la gestión de la seguridad (buque-compañía-capitán/naviero-DPA).

e) El cumplimiento del SGS bajo las prescripciones del Código asegura el cumplimiento del resto de convenios y otras normas jurídicas aplicables, en tanto en cuanto el SGS deberá garantizar el cumplimiento de las normas y los códigos aplicables, junto con las directrices y normas recomendadas por la OMI, las administraciones, las sociedades de clasificación y las organizaciones sectoriales. Es por ello por lo que podemos considerarlo la clave de bóveda de la gestión de la seguridad marítima.

f) Igualmente, supone un instrumento dinámico: el seguimiento de sus prescripciones mediante verificaciones y auditorías externas e internas conlleva "no conformidades" y acciones correctivas con su posterior seguimiento. El SGS es objeto de una continua actualización y es necesaria su periódica implementación.

g) El Código supone la introducción del concepto de *mejora continua* en todos los procesos de gestión de la seguridad, tanto en el personal de a bordo como en tierra, incluyendo la preparación frente a emergencias que afecten tanto a la seguridad como al medioambiente.

---

general, el nuevo Código introduce lo que se ha venido a llamar The Transparency System en la explotación naviera, mostrando algo de luz sobre la actividad operacional cotidiana. Un área que hasta ahora ha permanecido como privilegio exclusivo del armador. Esta es ahora la obligación de cambiar, dar acceso a esa información a todas las demás partes interesadas".

3 Sobre una visión panorámica de la evolución del concepto jurídico de *navegabilidad* y su afectación por el Código IGS, ver por todos: NAVAS GARATEA, M. (2003) en *La navegabilidad del buque en el derecho marítimo internacional*. Ed. Gobierno vasco. Vitoria: "En la actualidad, el obligado cumplimiento del Código ISM para la mayoría de los buques mercantes como estándar internacional de gestión operaciona del buque, implica que ha aparecido un nuevo y exigente criterio de navegabilidad y responsabilidad marítima. Las condiciones de navegabilidad se han redefinido objetiva y subjetivamente. Los parámetros relativos a la gestión operacional de la seguridad del buque incluyen ahora, no solo los relativos al buque (*"seaworthiness"*) o a la carga (*"cargoworthiness"*), sino también aspectos de protección medioambiental que han de ser cumplimentados por las tripulaciones, por los armadores y sus dependientes en tierra. Aunque estrictamente podría hablarse de navegabilidad legal o reglamentaria, nos parece más acertado referirnos al factor humano (*"managementworthiness"* o *"human seaworthiness""*). Porque hoy, la seguridad marítima ya no es responsabilidad única de los estados. Ahora ha pasado a ser compartida directamente por los armadores, quienes han de llevarla a efecto implantando sistemas de gestión de la seguridad en sus empresas y buques. Los continuos riesgos de todo tipo a los que la actividad de la náutica profesional está sometida obligan a que la seguridad del buque sea necesariamente normalizada nacional e internacionalmente con gran detalle, no solo en el terreno del derecho marítimo, sino también en otras disciplinas jurídicas como el derecho penal, el laboral o el administrativo".

h) Constituye el instrumento disponible más eficaz en la evitación y mitigación del error humano, factor presente en la mayoría de los accidentes e incidentes marítimos.

En este contexto, se sitúa el presente trabajo, que pretende a partir del estudio del Código IGS/ISM, contribuir a su conocimiento y a fomentar la cultura de la seguridad marítima.

Implicaciones jurídicas del Código IGS

El Código modifica el tradicional estándar jurídico de la navegabilidad (*seaworthisness*) para ampliarlo: ya no solo se trata de la aptitud del casco del buque para la navegación o de que tenga una tripulación adecuada y cualificada, sino de que disponga y sea operado de acuerdo con un sistema de gestión de seguridad (SGS) aprobado y elaborado con un proceso de evaluación de riesgo. La gestión operacional de la seguridad marítima se configura como un presupuesto esencial de la navegabilidad. En palabras del profesor William Tetley, el Código IGS ha introducido, virtualmente, un nuevo estándar internacional de navegabilidad.[4]

Tal planteamiento no solo es relevante a efectos de la seguridad marítima y la protección del medioambiente marino, sino también desde la clásica obligación de la debida diligencia (*due diligence*) del naviero en mantener la navegabilidad. Este punto constituye uno de los temas clásicos del derecho marítimo, con importantes efectos jurídicos en ámbitos clave, que se enuncian con un carácter meramente ilustrativo en el momento actual:

a) La navegabilidad del buque

El Código IGS introduce el concepto de *seguridad operacional* como otro de los elementos que deben analizarse al determinar el estado de navegabilidad de un buque, como ya se ha comentado. Igualmente, impone un estándar de conducta del armador respecto de la seguridad operacional del buque, que incluye el diseño de un Manual de Seguridad Operacional y unos procedimientos específicos para su gestión. Todos estos elementos deberán ser tenidos en cuenta por los tribunales y árbitros a la hora de enjuiciar la debida diligencia del naviero (*due diligence*), cuestión especialmente relevante en los contratos de transporte marítimo.[5]

---

4   Ver TETLEY, W. *International Maritime and Admiralty Law*; Editions Yvons Blais; Québec, 2002, p. 290: "The [ISM] Code lays down a compulsory and comprehensive set of rules for both shipboard and shoreside vessel managers to observe in administering their ships and preventing marine pollution, virtually establishing a new international standard of seaworthiness".

5   Desde una perspectiva profesional y con especial referencia al derecho inglés, ver por todos como obra de referencia: ANDERSON P. (2015-3ª ed.) *The ISM Code: A Practical Guide to the Legal and Insurance Implications: A Practical Guide to the Legal and Insurance Implications*, (ISBN 978-1843118855).

b) La limitación de la responsabilidad del armador

El artículo 4º de la Convención Internacional para la Limitación de Responsabilidad en Materia de Reclamaciones Marítimas de 1976 (LLMC 76) dispone que el derecho a limitar la responsabilidad se pierde cuando el reclamante demuestra que el daño fue causado por un acto o una omisión de la persona responsable, cometido con la intención de causar dicho daño o temerariamente, y a sabiendas de que el daño probablemente ocurriría.

Para romper los límites indemnizatorios del convenio de limitación, resulta esencial identificar a la persona responsable. La dificultad surge en el caso de personas jurídicas, respecto de las cuales es preciso analizar si la persona cuyo acto u omisión fue el causante del daño puede considerarse realmente el *alter ego* de la compañía, y por ende, susceptible de comprometer el derecho de la empresa a limitar su responsabilidad.

El derecho inglés, en el caso de *The Lady Gwendolen*, ha creado la prueba precisa, mediante la formulación de las dos siguientes preguntas en cada caso concreto:[6]

- ¿Quién es la persona que dirigía las operaciones respecto del viaje en que ocurrió el daño?

- ¿Si esa persona hubiese actuado de forma razonable, habría ocurrido el daño?

La primera pregunta permite identificar el *alter ego* de la empresa, mientras que la segunda busca calificar su actuación frente a los estándares de prudencia y diligencia, para determinar si hay lugar a la pérdida del derecho a invocar los límites indemnizatorios establecidos en la convención.

---

6   Ver 1965, *Arthur Guinness, Son & Co (Dublin) Ltd v. The Freshfield (Owners)* 1 Lloyd's Reports, 335, CA. El *Lady Gwendolen*, el buque de los demandantes, abordó y hundió el buque *Freshfield,* que se encontraba anclado mientras navegaba por el canal de Crosby hacia Liverpool. La colisión fue causada por la negligencia del capitán del *Lady Gwendolen*. A pesar de la densa niebla que causó una mala visibilidad desde el puente, el capitán del *Lady Gwendolen* navegó con el buque a toda velocidad por el canal, confiando en el radar con el que estaba equipado. Aunque el capitán admitió que no habría entrado en el canal señalizado sin el uso del radar y habría anclado fuera, no utilizó efectivamente el radar, ya que solo lo miraba de reojo de vez en cuando. Los demandantes admitieron su responsabilidad y solicitaron un decreto que limitara su responsabilidad en virtud del artículo 503 de la Ley de Marina Mercante de 1894 (la Ley de 1894). Los demandantes eran una empresa cervecera que también se dedicaba a actividades de tenencia de buques complementarias de su actividad principal. Los demandados alegaron que los fallos en la navegación que llevaron a la colisión eran al menos parcialmente atribuibles a la falta de control adecuado por parte de la gerencia de los demandantes sobre el capitán y los buques. Argumentaron que esta falta de gestión existió en todos los niveles y que, hasta el momento en que ocurrió la colisión, no había ningún control gerencial efectivo sobre la forma en que los capitanes de los buques de los demandantes navegaban.

Con el Código IGS, resulta más que probable que la respuesta a la prueba del *Lady Gwendolen* sea mucho más fácil, en la medida en que el armador debe mantener y suministrar información en cuanto a "la responsabilidad, autoridad e interdependencia de todo el personal que dirija, ejecute y verifique las actividades relacionadas con la seguridad y la prevención de la contaminación" (art. 3.2, Código IGS). Si bien es cierto que el Código IGS enfatiza la autoridad que recae en el capitán del buque para adoptar todas las decisiones en materia de seguridad y prevención de la contaminación marina (art. 5.2, Código IGS), es preciso advertir que la compañía que explota el buque está en la obligación de designar "a una o varias personas en tierra directamente ligadas a la dirección, cuya responsabilidad y autoridad les permita supervisar los aspectos operacionales del buque que afecten la seguridad y la prevención de la contaminación, así como garantizar que se habilite recursos suficientes y el debido apoyo en tierra" (art. 4. Código IGS).

c) **La limitación de la responsabilidad del porteador marítimo en el transporte marítimo de mercancías**

La obligación fundamental del transportista (armador o fletador), en virtud de las Reglas de La Haya-Visby, es ejercer la debida diligencia para mantener el buque en condiciones de navegar y debidamente tripulado, equipado y abastecido. Esta responsabilidad se amplía claramente con la aplicación del Código CIGS. El artículo 3º de las Reglas de La Haya-Visby (RHV) establece claramente que *"el porteador estará obligado, antes y al comienzo del viaje, a ejercer la diligencia debida para: 1. Asegurar que el buque sea navegable"*. Parece evidente deducir que la ampliación del estándar de navegabilidad supone un mayor rigor en la exigencia de la acreditación de la debida diligencia.

En igual sentido el artículo 4º, 5º(e) de las Reglas dispone que el porteador no podrá beneficiarse de la limitación de la responsabilidad expresada en dicho artículo si se prueba que el daño fue causado por un acto u omisión del naviero porteador, hecho con la intención de causar daño, o temerariamente, y a sabiendas que probablemente se causaría un daño. Sin embargo, el punto que interesa comentar es que, en las Reglas de La Haya-Visby, se refieren a la conducta del "porteador" como la que debe analizarse en el momento de definir si ha lugar a la pérdida del derecho a los límites indemnizatorios y no la de sus empleados, y vuelve a ser precisa y pertinente la prueba del caso *Lady Gwendolen*.

d) La identificación del naviero como empleador de la gente de mar, a efectos del Convenio de Trabajo Marítimo (MLC 2006)

Obviamente, el Convenio de Trabajo es de fecha posterior al Código IGS, y su ámbito de aplicación y funciones son diferentes, pero hay ciertos espacios comunes. Aunque el Código IGS contiene una definición de *compañía* muy similar a la definición de *armador* que figura en el MLC, el concepto de *compañía* en el Código IGS es distinto del concepto de *armador* del MLC. Una de las razones de esta diferencia es que el objetivo del Código IGS no es abordar cuestiones laborales marítimas como la identificación de la persona responsable del empleo de la gente de mar (SEA, Seafarers Employment Agreement). Sin embargo, contiene una disposición que garantiza la identificación del propietario del buque. En concreto, el párrafo 3.1 *Responsabilidades y autoridad de la compañía* del Código IGS establece que, si la entidad responsable de la explotación del buque es distinta del propietario, este debe comunicar a la Administración el nombre completo y los datos de dicha entidad. Esto significa que un Estado de abanderamiento siempre puede disponer de la información sobre el propietario del buque. El MLC carece de una disposición similar, que sería muy útil para la identificación de la parte responsable en relación con las reclamaciones laborales de la gente de mar.

e) El seguro marítimo

Resultan evidentes los efectos sobre las coberturas del seguro, especialmente en referencia a la navegabilidad del buque, principal obligación del armador, y el tratamiento de la limitación de responsabilidad. Estas cuestiones ya se han planteado anteriormente y se abordan en detalle en los capítulos 6º y 7º.

Resulta conocida la premisa clásica de la Marine Insurance Act (1906): *"Buque no navegable no es asegurable"*.[7] En nuestro derecho, ver artículo 444 LNM: *"Navegabilidad del buque. El asegurado deberá mantener la navegabilidad del buque, embarcación o artefacto naval asegurado durante toda la duración de la cobertura"*. Resulta evidente que el CIGS y su afectación a la obligación de navegabilidad incide de manera directa sobre las obligaciones contractuales del asegurado.

Todas estas consideraciones justifican el presente estudio, novedoso en lengua española y que va a incidir no solo en los aspectos operativos de la seguridad marítima y la prevención de la contaminación marina, sino también en las importantes consecuencias jurídicas en el derecho marítimo.

---

7   Según la sección 39 de la Ley Inglesa de Seguro Marítimo de 1906, en una póliza de viaje existe una garantía implícita de que el buque es "razonablemente apto para navegar en todos los aspectos".

1.2 Precedentes del Código IGS

Los orígenes del Código se remontan a finales del decenio de los años ochenta, cuando existía una preocupación creciente sobre las normas de gestión en el transporte marítimo. Las investigaciones de accidentes revelaron grandes errores en la gestión operativa de los buques. En 1987, la Asamblea de la OMI aprobó la Resolución A.596(15), que insta al Comité de Seguridad Marítima (MSC) a que elabore directrices sobre procedimientos de gestión, a bordo y en tierra, para garantizar que los transbordadores de pasajeros y vehículos operen en condiciones de seguridad. Los accidentes que fueron directos precursores del Código y pusieron la atención en los aspectos operacionales de la seguridad marítima son los siguientes:

Herald of free enterprise (1987)

El evento clave que impulsó la creación del Código IGS fue el accidente del buque ro-ro *Herald of Free Enterprise,* que destacó las consecuencias de la mala gestión de la seguridad en referencia a los buques. El *Herald of Free Enterprise* se hundió el 6 de marzo de 1987, cuando salía del puerto de Zeebrugge (Bélgica) con las puertas interior y exterior de proa abiertas. El agua comenzó a entrar rápidamente en las cubiertas y, en pocos minutos, perdió la estabilidad y se hundió, hasta que quedó apoyado en el fondo sobre el costado. El accidente causó la muerte de 193 personas, 38 de las cuales eran tripulantes. Las investigaciones concluyeron que las causas directas del accidente habían sido el fallo humano y las deficiencias operativas de la empresa naviera. En diciembre de 1988, el Reino Unido impuso a los transbordadores británicos determinadas reglas, entre las que destaca la designación de una persona responsable de la gestión de la seguridad desde tierra. Se trataba de una medida obligatoria, aunque solo de carácter nacional.

A raíz de lo sucedido, el Departamento de Transportes del Reino Unido hizo sus recomendaciones, e incluyó en el informe elaborado como consecuencia del accidente una serie de parámetros que son los que suelen identificarse como el punto de inicio del proceso de elaboración del Código IGS. La dirección de la Marina Mercante del Reino Unido, a partir del documento *Good Ship Management,* recomendó la designación de una persona que desde tierra DPA debía asegurar que la gestión operativa de los buques de una compañía se realizara respetando las normas y los principios de seguridad.

Exxon Valdez (1989)

La varada del *Exxon Valdez*, el 24 de marzo de 1989, provocó el derrame de 37.000 toneladas de crudo en las costas de Alaska. Este suceso fue una de las causas que impulsaron la aprobación de la Resolución A.647 (16) en la 16ª asamblea de la OMI, una guía sobre la gestión de la operación segura de los buques y la prevención de la contaminación. Esta resolución supone el inicio de los trabajos efectivos de preparación del Código IGS.

Scandinavian star (1990)

Otro de los accidentes que condicionó el contenido de este Código e hizo más evidente la necesidad de la figura de una persona designada en tierra fue el incendio del *Scandinavian Star*, ocurrido el 7 de abril de 1990. Este accidente motivó que los países nórdicos propusieran al Comité de Seguridad Marítima de la OMI (MSC 59) un sistema de gestión de la seguridad basado en las normas ISO 9000, obligatorio para buques de pasajeros y otros tipos de buque con un registro bruto de más de 500 toneladas. Esta propuesta es el origen de la enmienda a la Resolución A.647 (16), *Guidelines on management for the safe operation of ships and for pollution prevention*, que incluía la figura de una persona designada en tierra, aprobada con idéntico nombre que la anterior en la 17ª asamblea mediante la Resolución A.680 (17).

El 4 de noviembre de 1993, en la 18ª asamblea de la OMI, se aprobó la Resolución A.741 (18) y, por lo tanto, el Código IGS. En mayo de 1994, la conferencia de países firmantes del Convenio SOLAS (1974) acordó incorporar a este, como capítulo IX, el contenido del Código IGS para buques de pasajeros y otros buques o plataformas móviles de más de 500 toneladas de registro bruto.[8] Con ello, se aceleraba el proceso de entrada en vigor, pues se integraba el IGS en el Convenio SOLAS, que se llevó a cabo por fases, desde el 1 de julio de 1998 hasta julio de 2002. Es importante destacar que, en virtud del procedimiento de aceptación tácita del Convenio SOLAS, cada una de las enmiendas entra en vigor en la fecha indicada, a no ser que, antes de esa fecha, un número determinado de partes formulen objeciones a la enmienda. Esta regla de vigencia ha favorecido extraordinariamente la efectividad de dicho convenio y, con ello, del IGS/ISM integrado en aquel.

Estonia (1994)

Tras la tragedia del *Estonia* en 1994, la Unión Europea hizo obligatorio en 1996 que los transbordadores de pasajeros ro-ro que operaran en puertos de la UE cumplieran con el Código IGS, que fue adoptado en 1993. Este requisito fue

---

8   Convenio internacional para la seguridad de la vida humana en el mar, 1974 (Convenio SOLAS). El Convenio SOLAS, en sus versiones sucesivas, está considerado como el tratado más importante de todos los tratados internacionales relativos a la seguridad de los buques mercantes. La primera versión fue adoptada en 1914, en respuesta a la catástrofe del *Titanic*; la segunda, en 1929; la tercera, en 1948; y la cuarta, en 1960. En la versión de 1974 se incluye el procedimiento de aceptación tácita, por el que se establece que una enmienda entrará en vigor en una fecha determinada a menos que, antes de dicha fecha, un determinado número de partes haya formulado objeciones.

reforzado en la conferencia de SOLAS de 1994, donde se introdujo un nuevo capítulo que hacía que el Código fuera obligatorio a partir de 1998 o 2002 según el tipo de buque. Desde su adopción, el Código ha sido revisado en varias ocasiones.

Sobre estos precedentes y para dar soluciones a estos problemas, en 1989 la OMI adoptó, en la 16ª asamblea, la Resolución A.647(16): *Directrices de la OMI sobre gestión para la seguridad operacional del buque y la prevención de la contaminación*. Estas directrices tenían la misión de aportar a los responsables de la explotación de buques una serie de normas comunes para gestionar la seguridad operacional y prevenir la contaminación, y constituyen el antecedente directo del Código IGS/ISM.

1.3 Las dificultades en la implementación del Código IGS

A pesar de estas consideraciones, la implementación del Código no ha sido sencilla: es una realidad objetiva que, desde su aprobación y aplicación, es el convenio de la OMI que más problemas ha planteado en su aplicación.

Existe un dato sumamente ilustrativo: según el Memorando de Entendimiento de París (MOU París) sobre el Control del Estado del Puerto, entre 2021 y 2024, el Código IGS/ISM ha sido la principal fuente de deficiencias detectadas, con 5.980 casos registrados, de los cuales 1.534 dieron lugar a la detención del buque. Año tras año, el Código ocupa el primer lugar en la lista de las 20 deficiencias más importantes, tal como señala el propio MOU París.[9]

La contundencia de los datos y su gravedad han hecho que se publicara en el año 2023 una guía para los inspectores de Port State Control MOU París, específica para las deficiencias del Código ISM (Guidelines for Port State Control Officers on the ISM Code). Cualquier espectador objetivo puede entender la necesidad de profundizar en los estudios y la investigación del Código IGS/ISM, objeto del presente estudio.

La flexibilidad del convenio y su redacción especialmente generalista —concebidas para lograr una implantación rápida, dado que los estados eran conscientes de las distintas realidades empresariales y operativas—, así como la libertad configurativa que se otorga a las navieras para diseñar su propio *sistema de gestión de seguridad* (que solo debe ajustarse a la Guía OMI), han dado lugar a una aplicación notablemente heterogénea y a resultados muy diversos. Todo ello, además, sin un especial esfuerzo de formación, pese a tratarse de un convenio tan complejo y novedoso.

---

9   Ver: https://parismou.org/Statistics%26Current-Lists/inspection-results-deficiencies. Consultado en octubre de 2024.

Resulta evidente, además, el cambio de mentalidad que supone la adopción del Código sobre el que nos hemos pronunciado: el paso de una cultura de prescripción normativa a una cultura de seguridad. Este nuevo enfoque implica un elemento disruptivo para un mundo tan tradicional como es el negocio marítimo.

1.4   Directrices revisadas para la implantación del Código IGS por parte de las administraciones

La OMI reconoció la necesidad de que el Código IGS se implantase de manera uniforme, por lo que la Asamblea adoptó en 1995 las directrices para la implantación del Código internacional de gestión de la seguridad (Código IGS) por las administraciones (Resolución A.788(19)). Las mismas fueron revisadas posteriormente por la Resolución A.1022(26), adoptada en 2009, la Resolución A.1071(28) en 2013 y, por último, las directrices revisadas adoptadas mediante la Resolución A.1118(30) el 6 de diciembre de 2017.

La resolución insta a los gobiernos a que, cuando implanten el Código IGS, observen las directrices, en especial respecto de la validez del documento de cumplimiento y del certificado de gestión de la seguridad prescritos en el Código.

Estas directrices establecen los principios básicos para verificar que el Sistema de Gestión de la Seguridad (SGS) de una compañía responsable de la explotación de buques, o el SGS del buque o de los buques controlados por la compañía, cumplen las disposiciones del Código IGS; así como para la expedición y la verificación periódica del *documento de cumplimiento* (DOC) y el Certificado de gestión de la seguridad (CGS-SMC -Safety Management Certificate). Estas directrices son aplicables a las administraciones.

1.5   Entrada en vigor y últimos desarrollos del Código

El Código IGS en su forma obligatoria fue adoptado en 1993 mediante la Resolución A.741(18), pero no entró en vigor hasta el 1 de julio de 1998, coincidiendo con la entrada en aplicación del capítulo IX del Convenio SOLAS.[10] El Código IGS es obligatorio para todos los buques, ya que se han consumado ampliamente las fechas de implantación impuestas por la regla IX/2 del mismo convenio. A modo de recordatorio:

- A partir del 1 de julio de 1998 para los buques de pasaje, incluidas las naves de pasaje de gran velocidad (HSC).

---

10 En nuestro derecho (BOE 22 mayo 1998): Código internacional de gestión de la seguridad operacional del buque y la prevención de la contaminación (Código Internacional de Gestión de la Seguridad CGS). Resolución A.741(18), adoptada el 4 de noviembre de 1993, por la Conferencia de los Gobiernos Contratantes del Convenio Internacional para la Seguridad de la Vida Humana en el Mar 1974.

- También a partir del 1 de julio de 1998 para buques petroleros, buques para productos químicos, gaseros, graneleros y naves de carga de gran velocidad de arqueo bruto igual o superior a 500 Tm.

- A más tardar el 1 de julio de 2002, aquellos buques de carga y las unidades móviles de perforación mar adentro de arqueo igual o superior a 500 Tm.

A aquellos buques de Estado destinados a fines no comerciales no se les aplicará el presente Código, tal y como se detalla en la regla II/2. El Código IGS, entró en vigor el 1 de julio de 1998 y, durante su vigencia, ha ido experimentando diversas enmiendas con la pretensión de abarcar un marco más amplio.

1.5.1 Enmiendas

Se exponen aquí las enmiendas que se han aplicado al Código. Se puede observar cómo las últimas enmiendas han profundizado en el detalle y concretado las obligaciones de la compañía naviera y de todas las partes implicadas. Resultan especialmente ilustrativas de esta afirmación las enmiendas de los años 2008 y 2013. En el presente apartado, solo se comentan las modificaciones de más importancia y alcance.

- **Año 2000**. Las primeras enmiendas se efectuaron en el año 2000 mediante la Resolución MSC.104(73), que entró en vigor el 1 de julio de 2002. Destaca la introducción de nuevas definiciones que se encuentran entre el 1.1.4 y el 1.1.12, las cuales hacen referencia a conceptos básicos del convenio, además de añadir nuevos capítulos en referencia a la certificación, como el 14, 15 y 16.11.

- **Año 2004**. Las segundas enmiendas de 2004 entraron en vigor el 1 de julio de 2006 mediante la Resolución MSC.179(79). Estas enmiendas son de carácter más reducido y solo modifican pequeños aspectos del documento de cumplimiento y el modelo del certificado de gestión de seguridad.[12]

- **Año 2005**. La tercera de ellas tuvo lugar en el año 2005 mediante la Resolución MSC.195(80), que entró en vigor el 1 de enero de 2009. Esta es una sola enmienda respecto a algún aspecto formal del documento provisional de cumplimiento y del certificado provisional de gestión de seguridad.[13]

- **Año 2008**. En cuarto lugar, cabe mencionar la enmienda correspondiente al año 2008, mediante la Resolución MSC.273(85), que entró en vigor el 1

---

11   Ver BOE 16 diciembre 2002.

12   Ver BOE 16 febrero 2007.

13   Ver BOE 25 noviembre 2008.

de julio de 2010. Esta resolución tiene una lista de enmiendas y, con notable diferencia, es la modificación del Código más importante.[14]

- En el artículo 1 en relación a los objetivos, el apartado 2 existente del párrafo 1.2.2 se sustituye por el siguiente:

  "2. Evaluar todos los riesgos señalados para sus buques, su personal y el medioambiente, y tomar las oportunas precauciones; y".

- En relación al artículo 5 sobre la responsabilidad y autoridad del capitán, al comienzo del párrafo 5.1.5, se añade la palabra *periódicamente* a continuación de la palabra *revisar*.

- La sección 7 sobre la elaboración de planes para las operaciones a bordo existente se sustituye por la siguiente:

- "La compañía adoptará procedimientos, planes e instrucciones, así como las listas de comprobaciones que proceda, aplicables a las operaciones más importantes que se efectúen a bordo en relación con la seguridad del personal y del buque y la protección del medioambiente. Se delimitarán las distintas tareas que hayan de realizarse, confiándolas a personal competente".

- En el artículo 8 sobre preparación para emergencias, el párrafo 8.1 existente se sustituye por el siguiente:

  "8.1 La compañía determinará las posibles situaciones de emergencia a bordo y adoptará procedimientos para hacerles frente".

- El párrafo 9.2 a cerca de los informes y análisis de los casos de incumplimiento, accidentes y acaecimientos potenciamente peligrosos se sustituye por el siguiente:

  "9.2 La compañía adoptará procedimientos para aplicar las correspondientes medidas correctivas, incluidas las destinadas a evitar que se repitan los problemas".

- El artículo 12 relativo a la verificación por la compañía, examen y evaluación, en su párrafo 12.1, se sustituye por el siguiente:

  "12.1 La compañía efectuará auditorías internas a bordo y en tierra a intervalos que no excedan de 12 meses para verificar que las actividades relacionadas con la seguridad y la prevención de la contaminación se ajustan al SGS. En circunstancias excepcionales, ese intervalo podrá excederse en no más de tres meses". En el párrafo 12.2 se sustituyen las

---

14   Ver BOE 16 noviembre 2010.

palabras *"eficacia del SGS, y, en caso necesario, la revisará"* por *"efectividad del SGS"*.

– **Año 2013.** La última modificación fue adoptada en el año 2013 y entró en vigor el 1 de julio de 2015 mediante la Resolución MSC.353(92).[15] Esta realiza dos enmiendas, la primera hace referencia a la dotación del buque, instando a la compañía a asegurarse de que su personal está cualificado a fin de mantener las condiciones de seguridad a bordo. La segunda también es una obligación que recae sobre la compañía, insistiendo en que verifiquen las actuaciones de las personas que se encargan de la salvaguarda de la seguridad.

• Con respecto a los recursos y el personal, el apartado 6.2. actual se sustituye por el siguiente:

"6.2 La compañía debería asegurarse de que todo buque:

  • *Está dotado con gente de mar cualificada, titulada y con la aptitud física para el servicio, de conformidad con las prescripciones nacionales e internacionales.*
  • *Dispone de una dotación adecuada a fin de prever todos los aspectos relacionados con el mantenimiento de las operaciones en condiciones de seguridad a bordo."*

• En el artículo 12 sobre verificación por la compañía, examen y evaluación, el párrafo 12.1 actual se incluye el siguiente nuevo párrafo 12.2 y se modifica en consecuencia la numeración de los actuales párrafos 12.2 a 12.6, que pasan a ser 12.3 a 12.7:

"12.2 La compañía debería verificar periódicamente si todos los que desempeñan tareas delegadas relacionadas con la gestión internacional de la seguridad están actuando de conformidad con las responsabilidades de la compañía en virtud del Código".

1.6 Otras disposiciones relacionadas del Convenio SOLAS y del Código IGS

– Directrices revisadas para la implantación operacional del Código Internacional de Gestión de la Seguridad (Código IGS) por las compañías (MSC-MEPC.7/Circ.8).

– Orientaciones sobre las cualificaciones, formación y experiencia necesarias de las personas designadas según lo dispuesto en el Código IGS. (MSC-FAL.7/Cir.6).

---

15 Ver BOE 28 mayo 2015.

- Orientaciones sobre la notificación de cuasi accidentes (Circular MSC-MEPC.7/Circ.7); directrices sobre la gestión de los riesgos cibernéticos marítimos (MSC-FAL.7/Circ.3).

- Gestión de los riesgos cibernéticos marítimos en los sistemas de gestión de la seguridad (Resolución MSC.428(98)).

1.7 El Código IGS en el derecho comunitario (Reglamento (CE) nº 336/2006)

La UE ha adaptado el Reglamento (CE) nº 336/2006, *sobre la aplicación en la Unión Europea del Código internacional de gestión de la seguridad*, que incorpora el "Código internacional de gestión de la seguridad operacional del buque y la prevención de la contaminación" (IGS) y que entró en vigor el 24 de marzo del 2006.

Concretamente, su objetivo es garantizar que las compañías de navegación cumplan el Código IGS mediante:

a) El establecimiento, la aplicación y el mantenimiento adecuado de sistemas de gestión de la seguridad, tanto a bordo de los buques como en tierra.

b) El control de tales sistemas por las administraciones del Estado de abanderamiento (es decir, el país en que un buque está matriculado) y del Estado del puerto (es decir, el país en cuyo puerto el buque hace escala o fondea).

El Reglamento se aplica a los siguientes tipos de buques y a las compañías que los explotan:

- Los buques de carga y de pasaje que realicen viajes internacionales, con pabellón de un país de la UE.

- Los buques de carga y de pasaje que realicen exclusivamente viajes nacionales, con independencia de su pabellón.

- Los buques de carga y de pasaje que presten servicios regulares de transporte marítimo con origen o destino en puertos de la UE, con independencia de su pabellón.

- Las unidades móviles de perforación mar adentro que presten servicios bajo la autoridad de un país de la UE.

En materia de certificación y verificación y de acuerdo con la Directiva 2009/45/CE, los países de la UE deben cumplir con la parte B del Código IGS.

Exenciones

Si un país de la UE considera difícil en la práctica que algunas compañías cumplan determinadas reglas del Código IGS para buques específicos que realicen exclusivamente viajes nacionales, puede dispensarles de dichas reglas imponiendo medidas equivalentes. En este caso, el país de la UE debe notificar a la Comisión Europea en consecuencia. Si la exención propuesta no está justificada, el país debe modificar o no adoptar dichas medidas.

Informes

Los países de la UE deben informar a la Comisión cada dos años sobre la aplicación del Código IGS. Basándose en este informe bienal, la Comisión redactará un informe consolidado para el Parlamento Europeo y el Consejo.

En el marco de la UE, la parte B del CIGS (*Recomendaciones*) deviene obligatoria, e igualmente su aplicación, que no se limita a los "viajes internacionales", sino que se extiende a los viajes nacionales. Igualmente impone la verificación anual para que el DOC tenga una validez de cinco años.

1.8   El CIGS y los convenios PBIP y STCW 78-95/2010

1.8.1   STCW

Una de las grandes carencias en la aplicación del CIGS ha sido la formación. Durante muchos años, hasta las enmiendas de Manila (2010), no ha habido conexión entre ambos convenios, lo que ha lastrado muchísimo la aplicación del Código. En la revisión anterior (1995) se subrayaba la importancia de establecer un nivel definido para las normas educativas.[16] El objetivo era garantizar que todo el personal sea *competente* para desempeñar sus funciones en pro de la seguridad y del medioambiente. La falta de formación general y específica del Código ha dificultado su aplicación durante estos treinta años de aplicación. Como veremos más adelante (capítulo 6), el convenio de formación es clave para determinar la "competencia" de la gente de mar y poder distinguir el "error humano" de la "incompetencia". La trascendencia jurídica de esta distinción será analizada en los capítulos 6 y 7.

Por otra parte, el STCW es un complemento del Código IGS. Por consiguiente, depende directamente de la capacidad de las universidades e instituciones educativas para ampliar sus cursos a los requerimientos de la industria marítima. En el caso del CIGS, no se creó un curso *ad hoc,* como sí ocurrió con el PBIP. La mayoría de las universidades marítimas hacen solo aproximaciones parciales,

---

16   Por todos: HORCK J. (2009) en *The ISM Code versus the STCW Convention MET efforts–challenges convene?* World Maritime University.

Relevancia del código IGS y sus antecedentes. Últimos desarrollos

en derecho marítimo o en seguridad, pero no en una visión global de la gestión operativa de la seguridad marítima a partir del Código.

La realidad sustantiva es que la aplicación real del Código, y por ende, la formación, se hace por las compañías navieras y no aparecen implicados directamente ni las universidades, ni la ingeniería naval, ni los astilleros. Esta aproximación es pobre y sumamente limitante y, dada la trascendencia del CIGS, requeriría asignaturas específicas.

1.8.2 PBIP

Desde la entrada en vigor del capítulo XI-2 del Convenio SOLAS, el 1 de julio de 2004, el Código internacional para la protección de los buques y de las instalaciones portuarias (Código PBIP) ha constituido la base de un amplio régimen de protección obligatoria para el transporte marítimo internacional. El Código se divide en dos secciones: parte A y parte B. La parte A, obligatoria, proporciona una reseña detallada de prescripciones de protección marítima y portuaria que los gobiernos contratantes del Convenio SOLAS, las autoridades portuarias y las compañías navieras han de observar, de manera que se pueda cumplir el Código. La parte B del Código facilita una serie de directrices de carácter recomendatorio sobre cómo cumplir las prescripciones y obligaciones especificadas en las disposiciones de la parte A.

El artículo 9.4 del Código PBIB (parte A) establece el contenido mínimo del Plan de Protección del Buque, obligando a la compañía al diseño e implementación de sistemas de gestión, obligaciones de capacitación del capitán y la tripulación, y procedimientos específicos dirigidos a reducir el riesgo de que la nave sea objeto de ataques terroristas o utilizada como medio para la comisión de estos hacia objetivos no marítimos. El análisis de las disposiciones del Plan de Protección del Buque constituirá un importante instrumento para determinar si el armador o el transportista cumplieron con su obligación de navegabilidad.

El incumplimiento del Sistema de Gestión de Seguridad (SGS) que exige el Código IGS puede afectar negativamente el derecho del armador de limitar su responsabilidad. Esta posibilidad es mucho más remota en caso de incumplimiento del Plan de Protección de Buque exigido por el Código PBIB; la clave radica en que, a diferencia del Código IGS, los artículos 11 y 12 del Código PBIB no exigen que el oficial de protección de la compañía (OPC) y el oficial de protección del buque (OPB) sean "personas directamente ligadas a la Dirección" de la compañía; situación muy diferente respecto del CIGS.

1.9   El futuro del Código IGS

Más allá de las dificultades señaladas en la implementación del Código, existen otras disfunciones relevantes en su aplicación: una ya superada era la falta de conexión entre el Código y la normativa sobre formación (Convenio STCW 78/95-2010),[17] que ha sido resuelta con las enmiendas de Manila (2010); la otra es el tratamiento del factor humano, responsable en más del 70% de los accidentes marítimos. La preocupación de la OMI en estos últimos años ha sido constante en relación con el factor humano: la promulgación del Convenio de Trabajo Marítimo (MLC 2006) constituye una prueba sumamente ilustrativa.[18] Sin embargo, en el momento presente se quieren abordar otros aspectos no cubiertos por los convenios existentes: acoso sexual, violencia, etc.

La OMI ha emitido en el año 2024 un documento que describe los asuntos relacionados con el Código Internacional de Gestión de la Seguridad (IGS-ISM) que necesitan ser considerados por el Comité de Seguridad Marítima (MSC) en su 109º período de sesiones.[19] Consolida y organiza varios temas clave que habían sido postergados de sesiones anteriores del MSC (107 y 108), así como nuevos asuntos, con el objetivo de guiar futuras acciones en relación con el Código ISM.

Revisión integral del Código ISM y directrices

Propuesta de Noruega: durante el MSC 107, Noruega propuso una revisión integral del Código ISM y sus directrices relacionadas (documento MSC 107/17/5). La propuesta solicita actualizar y mejorar el Código ISM para asegurar que

---

17   Resulta una realidnad conocida que un 70% de los accidentes son debidos al error humano. Ver por todos, con carácter ilustrativo: GALIERIKOVÁ, A. (2019) *The human factor and maritime safety*, Transportation Research Procedia, Volume 40, 2019, Pages 1319-1326, ISSN 2352-1465, (https://doi.org/10.1016/j.trpro.2019.07.183.); SCHRÖDER-HINRICHS, J. U., HOLLNAGEL, E., BALDAUF, M., HOFMANN, S., & KATARIA, A. (2013). *Maritime human factors and IMO policy*. Maritime Policy & Management, 40(3), 243−260. (https://doi.org/10.1080/03088839.2013.782974).

18   Ver del autor RODRIGO DE LARRUCEA, J. (2013): *Las enmiendas de Manila 2010 al Convenio STCW: Un nuevo perfil formativo para la gente de mar 78/95: Un nuevo perfil formativo para la Gente de Mar* (Disponible en http://hdl.handle.net/2117/18234). "La edición de 2010 contempla una novedad cualitativa sumamente importante: la estratificación en tres niveles de la gente de mar, en atención a su funcionalidad, responsabilidad y formación: gestión, operacional y de apoyo. Resulta patente la preocupación por los procedimientos operativos, que están ya presentes desde el Código IGS (International Safety Management). Previsiblemente, los nuevos DOC (Document of Compliance) de a bordo contemplarán estos niveles: 1) Gestión: capitán y primer oficial de puente; jefe de máquinas y primer oficial; que presten servicio a bordo de un buque de navegación marítima que garanticen un desarrollo correcto de sus funciones. 2) Operacional: oficial de guardia de navegación o de máquinas, operador de radio. Mantener un control de sus funciones de acuerdo con los procedimientos pertinentes y bajo la dirección y supervisión de una persona del nivel superior: gestión. 3) Apoyo: desarrollo de funciones, cometidos o funciones asignadas bajo la dirección y supervisión de la persona que preste servicio en el ámbito de gestión u operacional".

19   Ver sobre el particular: https://www.marineregulations.news/imos-review-of-ism-code-enhancing-safety-and-addressing-human-element-issues/;https://maritimecyprus.com/2024/10/06/imo-study-on-the-effectiveness-and-implementation-of-the-ism-code/.

continúe satisfaciendo las necesidades cambiantes de la gestión de la seguridad marítima global. Sin embargo, esta propuesta fue postergada a la espera de los resultados de varios estudios e informes en curso, incluidas las recomendaciones del Grupo de Trabajo Conjunto OIT/OMI y un estudio de la secretaría de la OMI sobre la eficacia del Código ISM.

Decisión postergada: el MSC 109 reconsidera ahora la propuesta inicial de Noruega, teniendo en cuenta los resultados de estos estudios e informes. El objetivo es garantizar que el Código ISM siga siendo adecuado en el contexto de las operaciones marítimas modernas, particularmente con respecto a la seguridad, los elementos humanos y el cumplimiento normativo.

Grupo de Trabajo Conjunto OIT/OMI sobre cuestiones de la gente de mar y el elemento humano

Elemento humano y gestión de la seguridad: la segunda reunión del Grupo de Trabajo se centró en abordar cuestiones relacionadas con la gente de mar, incluyendo violencia, acoso, intimidación y agresión sexual en los buques. Estas son preocupaciones significativas en la industria marítima que afectan directamente la seguridad y el bienestar de la gente de mar y tienen implicaciones para la gestión general de la seguridad a bordo.

Incorporación del elemento humano en el Código: las recomendaciones del grupo enfatizan la necesidad de incorporar políticas y procedimientos para prevenir y abordar estos problemas en los sistemas de gestión de la seguridad de las compañías. Esto incluye definir responsabilidades, asegurar el cumplimiento de las normativas nacionales y proporcionar recursos adecuados tanto para la gestión a bordo como en tierra. El Comité está invitado a considerar estas recomendaciones como parte de la revisión integral del Código IGS.

Preocupaciones sobre la implementación de los sistemas de gestión de la seguridad

Implementación insatisfactoria del Código: en el MSC 108, se plantearon preocupaciones sobre la implementación inconsistente e insatisfactoria de los sistemas de gestión de la seguridad bajo el Código ISM. El asunto de garantizar que los sistemas de gestión de la seguridad cumplan con los estándares requeridos ha sido un desafío constante en la industria marítima. Diversos informes han puesto de manifiesto que muchas compañías y administraciones tienen dificultades para implementar plenamente las disposiciones del Código IGS, especialmente en referencia a aspectos no técnicos, tales como los factores humanos y la gestión de recursos.

Abordar los desafíos de implementación: el MSC 109 tiene la tarea de abordar estas preocupaciones, preferentemente a través del estudio sobre la eficacia del

Código IGS, así como la necesidad de alinear el Código con cuestiones emergentes de seguridad y recursos humanos.

Estudio sobre la eficacia del Código IGS

Informe sobre eficacia: un estudio encargado por la secretaría de la OMI (documento MSC 109/INF.3) examina la eficacia del Código IGS y su implementación en el sector marítimo global. El estudio tiene como objetivo proporcionar una evaluación integral del cumplimiento del Código IGS en alcanzar sus objetivos de promover una navegación segura, protegida y responsable con el medioambiente. El estudio destaca áreas donde el Código podría mejorarse, particularmente en relación con los elementos humanos, la cultura de seguridad y las habilidades no técnicas.

Resumen de recomendaciones para la acción del MSC 109

Las siguientes acciones clave se recomiendan para la consideración del MSC 109:

1. **Iniciar una revisión integral de las directrices del Código IGS**: se insta al Comité a iniciar una revisión de las directrices sobre la implementación del Código, específicamente resoluciones y circulares que gobiernan cómo las administraciones y las compañías aplican el Código. Esta revisión incorporaría políticas para abordar la violencia y el acoso, incluyendo el acoso sexual y la intimidación, y garantizaría que los sistemas de gestión de la seguridad también contemplaran el cuidado de las víctimas, el apoyo a la salud mental y las salvaguardias contra las represalias.

2. **Asegurar el cumplimiento de las normativas nacionales e internacionales**: el Comité debería asegurar que el Código IGS se actualice para alinearlo con las normativas nacionales e internacionales que abordan la violencia, el acoso y otros problemas relacionados con el elemento humano. El objetivo es lograr que los sistemas de gestión de la seguridad sean más completos y estén alineados con estándares legales y éticos modernos.

3. **Asignación de responsabilidades para abordar cuestiones del elemento humano**: las responsabilidades para abordar incidentes de violencia y acoso, así como para asegurar un cuidado y apoyo adecuados a las víctimas, deberían definirse claramente dentro de las políticas de la compañía. Las compañías deberían asignar recursos suficientes para la gestión y respuesta a tales problemas, tanto a bordo como en tierra.

4. **Capacitación y familiarización**: las compañías y administraciones deberían garantizar que tanto los marinos como el personal en tierra estén

adecuadamente capacitados y familiarizados con las políticas relevantes relacionadas con el Código, especialmente aquellas que abordan la gestión de recursos humanos y habilidades no técnicas.

5. **Revisión de las directrices de control por el Estado rector del puerto (PSC-*Port State Control*)**: se pide al MSC que revise las directrices de control por el Estado rector del puerto (PSC) en relación con la implementación del Código ISM. Esto garantizaría que el Código ISM se aplicara de manera consistente y efectiva en todos los buques, y que se redujeran las disparidades en el cumplimiento entre diferentes estados de pabellón y regiones.

6. **Revisión a largo plazo del Código:** se propone una revisión más amplia del Código IGS, a ser iniciada en colaboración con otros subcomités relevantes de la OMI, para mejorar su eficacia, garantizar que sus disposiciones respondan a los desafíos actuales y futuros de la industria, e integrar cuestiones emergentes como factores humanos y la seguridad organizativa.

7. **Desarrollo de capacidades y capacitación en habilidades no técnicas**: se aconseja al MSC que establezca iniciativas centradas en la formación y desarrollo de capacidades para el personal involucrado en la implementación del Código. Esto mejoraría las contribuciones humanas a la seguridad, enfocándose en habilidades no técnicas como liderazgo, comunicación y gestión de riesgos.

1.10 Los nuevos riesgos: la ciberseguridad

La aparición de nuevos riesgos emergentes obliga que se tomen en consideración en el SGS del buque y de la compañía, de acuerdo con las prescripciones del Código. El ciberataque que sufrió la naviera MAERSK en junio de 2017 planteó la necesidad de contemplar los ciberataques como un nuevo riesgo de especial gravedad. Más recientemente, en enero de 2025, un joven hacker modificó la ruta de 11 petroleros en el Mediterráneo.[20][21] En ese contexto se sitúan las *Directrices sobre la gestión de los riesgos cibernéticos marítimos*, que contienen una serie de recomendaciones de dicha organización ante las amenazas y vulnerabilidades cibernéticas emergentes.

---

20 Ver https://www.diariodelpuerto.com/maritimo/es15404881030567640-DPGD15404881030567640; https://elpais.com/economia/2017/08/16/actualidad/1502901718_899223.html.

Ver ttps://www.eldebate.com/sociedad/20250121/hacker-italiano-solo-15-anos-modifica-rutas-varios-petroleros-mediterraneo-diversion_262887.html.

- Circular MSC-FAL.1/Circ.3: *Directrices sobre la gestión de los riesgos cibernéticos marítimos*, aprobada por el Comité FAL, en su 41º período de sesiones, el 7 de abril de 2017.

  Adicionalmente, la OMI ha considerado necesario que todo SGS tenga en cuenta la gestión de los riesgos cibernéticos, de conformidad con los objetivos y prescripciones operacionales del Código IGS, lo cual ha dado lugar a la aprobación de otra resolución, en la que se alienta y recomienda a las administraciones para que se cercioren de que los SGS incluyen tales aspectos y que los mismos quedan debidamente reflejados en los correspondientes documentos de cumplimiento a partir del 1 de enero de 2021.

- Resolución MSC.428(98) de 16 de junio de 2017: *Gestión de los riesgos cibernéticos marítimos en los sistemas de gestión de la seguridad.*

  La Resolución MSC.428(98) ofrece una guía para implementar las medidas de ciberseguridad en barcos y puertos. Frecuentemente, el cumplimiento con la resolución es requerido por los países de pabellón y las sociedades de clasificación. La resolución señala que un sistema de gestión de seguridad debe tener en consideración la gestión del ciberriesgo de acuerdo con los objetivos del Código IGS. En otras palabras, las compañías deben poder acreditar que la ciberseguridad forma parte integral del sistema de gestión de seguridad del buque y de la compañía.

En conclusión, la Resolución MSC.428(98) propone varias recomendaciones para gestionar los ciberriesgos, incluyendo efectuar evaluaciones de riesgos, desarrollar planes de contingencia e implementar medidas de seguridad como cortafuegos y controles de acceso. Incluso la OMI invita a los países de pabellón a no emitir documentación de certificación si los riesgos de ciberseguridad no están apropiadamente gestionados en los respectivos sistemas de gestión de la seguridad. La OMI establece el cumplimiento de estos requisitos antes del 1 de enero de 2021. Para lograrlo, ha desarrollado una guía para la gestión de la ciberseguridad marítima.

Sobre esa base, las organizaciones más representativas del sector (entre otras, BIMCO, INTERTANKO, INTERCARGO, ICS e IUMI) han aprobado las denominadas *The Guidelines on Cyber Security Onboard Ships*, que son objeto de revisión periódica y sirven para asesorar a las compañías sobre los procedimientos y métodos que la industria considera más adecuados para prevenir y hacer frente a los ataques cibernéticos del modo más rápido y eficaz posible.[22]

---

22 *The Guidelines on Cyber Security Onboard Ships,* versión 4 de febrero de 2021. Pueden descargarse, por ejemplo, desde el sitio web de la ICS.

1.11 Juicio crítico: aplicación del CIGS

Los casi 30 años transcurridos desde la aprobación del CIGS nos permiten hacer una aproximación a su aplicación, que puede ser imperfecta y se basa en la experiencia personal y la observación del autor, pero que puede servir de ayuda tras el análisis de los principales accidentes posteriores a la entrada en vigor del CIGS: *Bow Mariner* (2004); *Harvest Caroline* (2006); *Cougar Ace* (2006); *Bourbon Dolphin* (2007); *Pasha Bulker* (2007); *Viking Islay* (2007); *Cosco Busan* (2007); *Padre* (2008); *Oliva* (2011); *Rena* (2011); *Costa Concordia* (2012); *Ovit* (2013); etc.

Aunque la influencia del CIGS ha aumentado los niveles de seguridad marítima en términos estadísticos (Informe ALLIANZ 2024), todavía hay un amplio margen de mejora, que no impide objetivamente apreciar el aumento de la seguridad y especialmente de la prevención del "error humano". [23] [24]

Aspectos positivos

1. El IGS es un código internacional para organizar y gestionar la seguridad de los buques en un formato normalizado con objetivos claramente establecidos e instrumentos para alcanzarlos. Se trata de un estándar internacional conocido por toda la comunidad marítima internacional. La estandarización de la gestión de la seguridad en una forma de sistema obligatorio permite un análisis "integral" para la actividad de transporte marítimo.

2. El Código debe garantizar, como mínimo, el cumplimiento de las normas y reglamentos obligatorios, y tener en cuenta, en la medida de lo posible y razonable, otras recomendaciones de la industria, incluidas las que provienen del análisis derivado de retroalimentación, lo cual constituye el primer precedente en el mundo marítimo de toma en consideración del *feedback*.

3. El Código es un complemento de los requisitos del Convenio SOLAS y es necesario que la compañía y el buque estén preparados en todo momento para responder a las emergencias (Regla nº8), de acuerdo con los riesgos probables de la navegación. El Código es una norma redactada en

---

23 Ver Informe 2024: https://commercial.allianz.com/news-and-insights/reports/shipping-safety.html.

24 Los estudios científicos son coincidentes, ver por todos: LAPPALAINEN, J. (2008). *Transforming Maritime Safety Culture: Evaluation of the Impacts of the ISM Code on Maritime Safety Culture in Finland*. Turku, Finland: Centre for Maritime Studies University of Turku; KOKOTOS, D.X. (2013) *A study of shipping accidents validates the effectiveness of ISM-CODE;* (https://doi.org/10.19044/esj.2013.v9n19p%25p); MOK, I; D'AGOSTINI, E; RYOO, D. *A validation study of ISM Code's continual effectiveness through a multilateral comparative análisis of maritime accidents in Korean waters*. Journal of Navigation. 2023;76(1):77-90.

(doi:10.1017/S0373463322000571).

términos generales y de gran flexibilidad que permite una adaptación necesaria a medida que la seguridad de los buques evoluciona con rapidez.

4. En la actualidad, es el instrumento más potente para evitar o mitigar el error humano. Un buen SGS implementado correctamente supone una barrera eficaz a los errores humanos. Los diferentes estudios científicos lo avalan objetivamente.

5. La figura del DPA (*Designated Person Ashore*) —totalmente novedosa— fue diseñada para supervisar el SGS, con la ayuda del capitán a bordo, independientemente de su aplicación por parte de los ejecutivos de una compañía naviera, que usualmente son: superintendente, director de flota, director técnico, etc. Todas las anomalías relacionadas con la seguridad o la protección del medioambiente deben comunicarse al DPA, que tiene un vínculo directo con el nivel más alto, y se comunican en teoría a la dirección de la empresa, que ya no podrá alegar desconocimiento en caso de accidente derivado de alguna de estas deficiencias. Esta persona, designada por la propia dirección, evita teóricamente posibles bloqueos entre las necesidades del buque y los recursos asignados por la empresa, transmitiendo de manera segura la información a los responsables. Una de las misiones clave del DPA es supervisar la corrección y funcionamiento de los SGS de los barcos a su cargo, por lo tanto, tendrá que verificar si el sistema de gestión de seguridad de la compañía se adecúa al CIGS y los riesgos probables de la navegación.

6. Además de las inspecciones tradicionales, un proceso de auditoría interna ISM permite a personas independientes detectar y analizar fallos de funcionamiento en un departamento o en el propio SGS (incluido, por tanto, el seguimiento realizado por el DPA) y encontrar soluciones con los operadores para evitar accidentes o situaciones peligrosas, operando como un doble control del Código IGS.

7. La autogestión de la seguridad en la empresa se organiza con análisis periódicos de eficiencia y mejora que luego se comunican al personal implicado, en lugar de esperar a los tradicionales controles del estado del pabellón.

8. El Código establece una definición clara de las responsabilidades de todo el personal implicado en la seguridad del buque, sus operaciones y la consiguiente protección del medioambiente marino de arriba a abajo. El Código se centra en la responsabilidad del capitán y en su facultad especial de decidir en materia de seguridad.

9. De manera lenta pero constante, los tribunales, especialmente en los contratos de transporte marítimo, amplían el concepto de navegabilidad, no

solo al buque, sino a la tripulación adecuada y competente y dotada de un SGS que contemple los "riesgos probables" y en funcionamiento.

10. Cumple una función pedagógica para el alumno de Náutica y todo nuevo miembro de la dotación; la lectura del SGS de a bordo le proporciona una idea muy precisa de la operativa, seguridad y descripción de las principales funciones de cada tripulante.

11. El CIGS se ha proyectado a la seguridad portuaria en el ámbito internacional; en este sentido, se debe consultar el *Port Marine Safety Code* (PMSC) 2016. El Código de Seguridad Marítima Portuaria (PMSC) exige que todos los puertos basen su gestión de operaciones marítimas (es decir, políticas, planes y procedimientos) en una evaluación formal de los peligros y riesgos para la navegación en el puerto. Además, las autoridades portuarias deben mantener un sistema de gestión de la seguridad operacional (SMS *Marine Safety Management System*), desarrollado a partir de esa evaluación de riesgos.

Aspectos negativos

1. La certificación de conformidad IGS-ISM se realiza usualmente por OR (Organizaciones Reconocidas) en lugar de Estados de Pabellón, lo que plantea frecuentes conflictos de intereses. Conviene destacar que en la mayoría de las inspecciones públicas de pabellón se trata la certificación con auténtica seriedad y rigor.

2. En casi todos los accidentes, resulta demasiado frecuente el desconocimiento de los tripulantes de los procedimientos de su SGS. Todo ello, después de firmar en su contrato de embarque que los conocen. Los informes oficiales son sumamente coincidentes.

3. Los "informes" requeridos por el capítulo 9 del Código de situaciones potencialmente peligrosas (*near misses)* nunca se fomentan en los SGS de la empresa, excepto en la industria petrolera y *off shore;* sin ellos, es imposible verificar el SGS ni la mejora continua. Constituyen a mejor prueba del funcionamiento del sistema SGS.

4. La formación específica IGS/ISM todavía no existe realmente: es infrecuente en los DPA, nula para los auditores internos y los miembros de la tripulación, y limitada en las universidades. Este es uno de los mayores puntos negros en la aplicación del Código. Resulta muy ilustrativo que el curso 7.01 de la OMI para capitanes, centrado especialmente en la gestión, no se ocupe específicamente del CIGS.

5. Un SGS o un DOC pueden generar una falsa confianza para el armador, quien llega a convencerse de que dispone de barcos gestionados de forma

segura, cuando en realidad no lo son y, en muchos casos, resultan innavegables. Se trata del clásico dilema: la realidad documental frente a la realidad operativa. Esa falsa seguridad conlleva consecuencias jurídicas muy importantes. Tener los certificados no implica *per se* la navegabilidad y seguridad del buque.

6. La preparación de la compañía y de la tripulación para responder a cualquier emergencia se ha mantenido en un nivel básico del Convenio SOLAS, que aparece en cada accidente como la causa principal de bajas de miembros de la tripulación o pasajeros. Se hacen simulacros, pero rara vez se hacen ensayos reales.

7. Durante el juicio por el accidente de *Costa Concordia* (2012), la aplicación del Código IGS solo se abordó de forma tangencial. Aunque se reconoció la responsabilidad de la empresa, únicamente el capitán ingresó en prisión. A pesar del CIGS y de la complejidad de los SGS, sigue pesando en el sistema la necesidad de contar con un culpable fácilmente identificable. El derecho marítimo debe superar, tanto por estricta justicia humana como por razones de legalidad, la personalización de la responsabilidad en la figura del capitán en el contexto del CIGS.

8. Las auditorías internas, consideradas el "combustible" de un SGS, son usualmente "cómodas" o "ligeras" para las empresas. Al igual que los auditores externos consultan habitualmente los informes previos, se solicita a los auditores internos que actúen con suavidad de forma preventiva para evitar una doble penalización.

9. El capítulo 7 "Operaciones a bordo" y sus ítems es demasiado limitado para las principales operaciones del buque, que en la actualidad revisten una gran complejidad. Los descriptores del Código son muy limitados.

10. En algunas navieras, la compatibilidad entre el CIGS y su SGS con las normas ISO generan un procedimiento documental exorbitante en los barcos, lo que produce aversión al Código por parte de las tripulaciones. Con los requerimientos del Código, es muy fácil implementar las normas ISO (no implican un gran trabajo para la compañía, una vez elaborado el SGS), pero resulta muy difícil y extenuante para las tripulaciones seguir los requerimientos documentales de ambos sistemas. Parte del rechazo al CIGS por parte de estas se debe precisamente a estos excesos documentales.

11. La indefinición aceptada sobre el estatus jurídico del DPA, que sigue en una conveniente penumbra.

2
Estructura y contenido del código IGS

2.1 Estructura del Código IGS

Su articulado es muy breve (tan solo 16 preceptos), pero establece principios y objetivos de carácter general para dotarlo de la necesaria flexibilidad que permita una aplicación eficaz y lo más amplia posible. Como señala su preámbulo, "nunca dos compañías navieras o propietarios son idénticos" y "estos operan en condiciones muy diversas". La OMI es totalmente consciente de la variedad de compañías navieras y de la diferente tipología y operativa de los buques. En este capítulo se tratan los aspectos más importantes en relación con la gestión operativa de la seguridad marítima (arts. 1-10), mientras que los aspectos formales y de auditoría se desarrollan en los siguientes capítulos 3 y 4.

2.1.1 Parte A del Código IGS/ISM

La parte A del Código ISM es la parte obligatoria que describe las normas mínimas de cumplimiento de las disposiciones del Convenio, constituido por las doce primeras reglas (R. 1ª a R. 12ª), que integran la parte de "Implantación":

1. **Generalidades**: se definen ciertos conceptos tales como compañía y administración. Se estipulan los objetivos del Código y su aplicación, R. 1ª.

2. **Principios sobre seguridad y protección del medioambiente**: dispone que la compañía establecerá principios sobre la seguridad y protección del medioambiente para alcanzar los objetivos del Código, asegurándose que sean aplicados y mantenidos, tanto a bordo como en tierra, R. 2ª.

3. **Responsabilidad y autoridad de la compañía**: indica el procedimiento en caso de que la entidad responsable de la explotación del buque no sea el propietario, R. 3ª.

4. **Personas designadas**: la compañía designará una o varias personas en tierra para supervisar aspectos operacionales del buque y garantizar que se habiliten recursos y apoyo en tierra, R.4ª.

5. **Responsabilidad y autoridad del capitán**: la compañía hará constar que compete al capitán tomar las decisiones que sean precisas en relación con la seguridad y la prevención de la contaminación, R.5ª.

6. **Recursos y personal**: la compañía garantizará que los buques estén tripulados por gente de mar cualificada y titulada, impartiendo instrucciones al nuevo personal, instruyendo al personal sobre el Sistema de Gestión de la Seguridad (SGS) en idioma que entiendan y asegurando que el personal del buque pueda comunicarse de manera efectiva. El SGS es un sistema estructurado y basado en documentos, que permite al personal de la compañía implantar de forma eficaz los principios de seguridad y protección ambiental de la misma, R.6ª.

7. **Elaboración de planes para las operaciones de a bordo**: la compañía adoptará procedimientos para la preparación de los planes aplicables a las operaciones más importantes que se efectúan a bordo, R. 7ª.

8. **Preparación para emergencias**: la compañía establecerá programas de ejercicios y prácticas para actuar en casos de urgencias, determinando posibles situaciones de emergencia a bordo para hacerles frente, R. 8ª.

9. **Informes y análisis de los casos de incumplimiento, accidentes y acaecimientos potencialmente peligrosos**: se incluirán procedimientos para informar a la compañía respecto a los casos de incumplimiento, los accidentes y situaciones potencialmente peligrosas, R. 9ª.

10. **Mantenimiento del buque y el equipo**: la compañía adoptará procedimientos para garantizar que el mantenimiento del buque se efectúa de acuerdo con los reglamentos y normativas correspondientes, asegurando inspecciones periódicas, aplicando medidas correctivas, conservando los expedientes de dichas actividades y estableciendo procedimientos para detectar cuáles son los elementos del equipo y los sistemas técnicos que puedan crear situaciones peligrosas, R.10ª.

11. **Documentación**: la compañía adoptará procedimientos de control de la documentación y datos relacionados con el SGS, garantizando su actualización, revisión y eliminación, R. 11ª.

12. **Verificación por la compañía, examen y evaluación**: la compañía efectuará auditorías internas para comprobar que las actividades se ajustan al SGS, evaluando su eficacia y tomando medidas para subsanar las deficiencias observadas, R.12ª.

2.1.2 Parte B del Código IGS/ ISM

La parte B del Código ISM es la guía de recomendaciones que describe las pautas de orientación para la ejecución sin obstáculos del Convenio, constituida por las reglas 13 a 16. Esta parte está dedicada a la "certificación y verificación:

1. Certificación y verificación periódica: el buque debe ser utilizado por una compañía a la que se haya expedido el Documento Acreditativo de Cumplimiento (DOC - Document of Compliance) aplicable a dicho buque, siendo este expedido por la Administración (entiéndase Estado de abanderamiento), una organización reconocida por la Administración (OR) y que actúe en su nombre o el gobierno del país en el que la compañía haya elegido establecerse. Una copia de este documento deberá mantenerse a bordo. La Administración o las organizaciones reconocidas por ella expedirán a los buques un certificado llamado Certificado de Gestión de la Seguridad (CGS) o bien en inglés Safety Management Certificate (SMC), debiendo dichas administraciones u organizaciones verificar periódicamente que el SGS aprobado del buque funciona como está establecido en el mismo. La compañía tiene una amplia libertad de configuración, pero una vez aprobado por el estado del pabellón o una OR en su nombre, está obligada a actuar como figura en su SGS. Estamos hablando, por tanto, de un auténtico deber jurídico.

2. Certificación provisional: se expedirán el Documento Provisional de Cumplimiento para facilitar la implantación inicial del Código, así como un certificado provisional de gestión de la seguridad de seis meses de duración como máximo por la Administración o por una organización reconocida por esta o, a petición de la Administración, por otro Gobierno contratante.

3. Verificación: se llevarán a cabo todas las directrices para la implantación del Código Internacional de Gestión de la Seguridad.

4. Modelos de certificados: el Código incluye en su apéndice los diferentes certificados y documentos redactados en lengua oficial. Si el idioma no es el inglés ni el francés, el texto incluirá una traducción a uno de estos dos idiomas.

Conviene advertir que esta parte B es obligatoria en la UE por el Reglamento 336/2006 y, por tanto, no tiene carácter de meras recomendaciones.

2.2 Contenido

El objetivo del Código IGS es proporcionar un estándar internacional para la gestión de la seguridad y la operatividad de los buques, así como para la prevención por contaminación y la seguridad marítima, por pérdidas o daños a las personas, y por daños en el medioambiente. El código se refiere al procedimiento de gestión del buque, en el mar y desde tierra, mediante reglas específicas sobre condiciones técnicas del barco y los procedimientos operativos (normas técnicas ligadas a las convenciones ya comentadas en los capítulos anteriores y que incluyen las normas de protección del Código PBIP).

El código formula una serie de principios generales, extendiéndose a todo tipo de buques y propietarios. Recoge expresamente que, para cada nivel de gestión, se requieren variaciones del nivel de conocimientos y cuidados respecto a la seguridad y las normas medioambientales. Por este motivo, contiene un gran número de "objetivos para la seguridad" para empresas propietarias u operadoras (artículo 1.2), requiriendo que desarrollen, implanten y mantengan un Sistema de Gestión de la Seguridad (SGS) (*Safety Management System* o SMS) que cubra un amplio abanico de aspectos.

La compañía naviera debe definir y documentar los niveles de autoridad y los sistemas de comunicación entre el barco y tierra, así como los roles y las funciones de todo el personal relacionado con las normas de seguridad o medioambientales:

- En tierra, debe haber personal adecuado y, tal vez lo más importante, "personas designadas en tierra" para proporcionar un vínculo con el barco, teniendo acceso con los niveles de gestión de la compañía operadora o la propietaria, siendo responsable de los asuntos regidos por el código (Reglas 3ª y 4ª).

- La compañía debe definir y documentar todas las cuestiones referentes a la responsabilidad y autoridad del capitán para la seguridad y las cuestiones medioambientales, así como la cualificación y entrenamiento del capitán y la tripulación.

- Hay previsiones clave en el código sobre el desarrollo, la verificación y la auditoría, los planes de operaciones de embarque, planes de emergencia, las situaciones imprevistas y situaciones de emergencia o accidentes, entre otras. Estas previsiones cubren:

  a) Los sistemas que se deben seguir para garantizar la seguridad de las operaciones del barco y;

  b) El informe de los procedimientos posteriores al incidente, identificando el problema y la adopción de acciones correctoras para evitar que vuelva a producirse.

- Finalmente, existen previsiones relativas a asegurar el mantenimiento del barco y de su equipo en general.

Todas estas cuestiones deben estar incluidas por escrito en el *Manual del sistema de gestión de la seguridad* y se debe asumir todo el proceso de control de los documentos y datos relevantes para el mismo. Para ello, la compañía naviera deberá llevar a cabo una auditoría interna para comprobar que su SGS se está cumpliendo en la práctica.

La regulación sobre los requisitos y las formalidades de dicho sistema deberá ser detallada con precisión y de manera específica por los estados, que deben legislar internamente para dotar al Código IGS de una total efectividad. Sin embargo, la OMI ha advertido del peligro de una regulación excesivamente rígida, consciente de la amplia gama de propietarios y barcos a los que debe aplicarse dicho código. La idea es que cada propietario u operador designe su propio sistema de gestión de la seguridad, en la forma que mejor se adecue a sus particularidades. La tarea de la autoridad es asegurar la aplicación del sistema una vez diseñado, cumpliendo con los requisitos generales del Código IGS.

La OMI emitió el documento *Guía de aplicación del Código IGS*, dirigido a las administraciones, que sirve como formulario para la aplicación de las reglas en cada Estado, y al que nos hemos referido en el capítulo 1.

La persona responsable del cumplimiento del Código IGS debe estar identificada nominativamente y registrada ante las autoridades del país de abanderamiento. Normalmente será el propietario, aunque no es un requisito del Código. Si la entidad que ha asumido la responsabilidad de las operaciones del barco no es el propietario, tiene la obligación de proporcionar sus datos a las autoridades del país de abanderamiento. Sería el caso de un gestor náutico (*shipmanagement*) que haya sido contratado para llevar a cabo dichas funciones, o cuando el barco esté sujeto a un contrato de *bareboat charter*, esto es, cuando ha sido arrendado y se ha transferido la gestión náutica al arrendatario (operador).

El Código IGS no afecta a las relaciones contractuales de la empresa propietaria del buque con terceras partes, por lo que cuando la gestión operacional del Código haya sido delegada a un gestor náutico, la responsabilidad de la empresa propietaria por obligaciones contractuales concluidas en su nombre continuará siendo asumida generalmente por ella.

2.3 Estructura

El Código se compone por tan solo 16 reglas diseñadas para proporcionar un marco claro y sistemático en cuanto a la gestión segura de las operaciones de los buques y la prevención de la contaminación marina.

2.3.1 Regla 1ª. Las generalidades del Código

La regla manifiesta que el objetivo del código es "garantizar la seguridad marítima y que se eviten tanto las lesiones personales o pérdidas de vidas humanas, como los daños al medioambiente, concretamente al medio marino, y a los bienes". En este sentido, los objetivos en materia de gestión de la seguridad de una compañía deben ser:

- Promover prácticas seguras en la operativa del buque y un entorno laboral protegido.

- Tomar en cuenta todos los riesgos identificados del buque, personal y medioambiente y establecer las medidas de seguridad apropiadas.

- Mejorar de forma continua las habilidades de gestión de la seguridad del personal a bordo y en tierra, incluyendo la preparación frente a emergencias, tanto en seguridad como en protección del medioambiente.

Además, ofrece tres definiciones fundamentales: una sobre el concepto de lo que es el Código de Gestión de la Seguridad (CGS), otra relativa a la compañía y una última referente a la Administración.

1.1.1 Código internacional de gestión de la seguridad (Código IGS): *el Código internacional de gestión de la seguridad operacional del buque y la prevención de la contaminación aprobado por la Asamblea, en la forma que pueda ser enmendado por la Organización.*

1.1.2 Compañía: *el propietario del buque o cualquier otra organización o persona, por ejemplo, el gestor naval o el fletador a casco desnudo que, al recibir del propietario la responsabilidad de la explotación del buque, haya aceptado las obligaciones y responsabilidades estipuladas en el Código.*

1.1.3 Administración: *el Gobierno del Estado cuyo pabellón esté autorizado a enarbolar el buque.*

Asimismo, aclara que su aplicación será obligatoria para todos los buques.

1.1.4 Sistema de gestión de la seguridad (SGS): *un sistema estructurado y basado en documentos, que permita al personal de la compañía implantar de forma eficaz los principios de seguridad y protección ambiental de la misma.*

1.1.5 Documento de Cumplimiento: *un documento expedido a una compañía que cumple con lo prescrito en el presente código.*

1.1.6 Certificado de gestión de la seguridad: *un documento expedido a un buque como testimonio de que la compañía y su gestión a bordo del buque se ajustan al SGS aprobado.*

1.1.7 Pruebas objetivas: información cuantitativa o cualitativa, registros o exposiciones de hechos relativos a la seguridad o a la existencia y aplicación de un elemento del SGS, basados en observaciones, medidas o ensayos y que puedan verificarse.

1.1.8 Observación: una exposición de hechos formulada durante una auditoría de la gestión de la seguridad, y justificada con pruebas objetivas.

1.1.9 Incumplimiento: una situación observada en la que hay pruebas objetivas de que no se ha cumplido una determinada prescripción.

1.1.10 Incumplimiento grave: significa una desviación identificable que plantea una amenaza grave para la seguridad del personal o del buque, o un riesgo grave para el medio ambiente, que requiere medidas correctivas inmediatas, e incluye la falta de aplicación eficaz y sistemática de un requisito del presente Código.

1.1.11 Fecha de vencimiento anual: el día y mes que correspondan, cada año a la fecha de expiración del documento o certificado pertinente.

1.1.12 Convenio: el Convenio internacional para la seguridad de la vida humana en el mar, 1974, enmendado.

2.3.2   Regla 2ª. Sistema de Gestión de Seguridad (SGS)

Se establecen los principios clave que las compañías navieras deben seguir en cuanto a la seguridad y la protección del medioambiente. Están obligadas a desarrollar una serie de principios o directrices sobre seguridad y protección ambiental en relación con los objetivos del código descritos en el artículo primero, apartado segundo. Una vez definidos los principios, la compañía debe garantizar que se implementen y mantengan en funcionamiento a todos los niveles de la organización, tanto a bordo de los buques como en las oficinas o instalaciones en tierra. Esto significa que la gestión de la seguridad y la protección ambiental debe integrarse en cada aspecto operativo, asegurando que todos los empleados, desde la tripulación hasta el personal de apoyo en tierra, cumplan con los estándares establecidos.

Las enmiendas de 2008 al Código IGS/ISM plantearon un aspecto clave: la evaluación de riesgos. Este tema, que ya se ha mencionado en el capítulo 1, se tratará con más detalle en el capítulo 5. El nuevo apartado 1 del párrafo 1.2.2 se sustituye por el texto siguiente:

1.2.1 El Código internacional de gestión de la seguridad tiene por objeto garantizar la seguridad marítima y que se eviten tanto las lesiones personales

*o pérdidas de vidas humanas como los daños al medio ambiente, concreta-
mente al medio marino, y a los bienes.*

*1.2.2   Los objetivos de gestión de la seguridad de la compañía deberían
abarcar, entre otras cosas:*

1. *establecer prácticas de seguridad en las operaciones del buque y en el
medio de trabajo;*

2. *evaluar todos los riesgos señalados para sus buques, su personal y el
medio ambiente, y tomar las oportunas precauciones; y*

3. *mejorar continuamente los conocimientos prácticos del personal de tierra y de a bordo sobre gestión de la seguridad, así como el grado de preparación para hacer frente a situaciones de emergencia que afecten a la
seguridad y al medio ambiente.*

1.2.3. El SGS debería garantizar:

1. *El cumplimiento de las normas y reglamentos obligatorios; y*

2. *que se tienen presentes los códigos aplicables, junto con las directrices
y normas recomendadas por la Organización, las Administraciones, las
sociedades de clasificación y las organizaciones del sector.*

2.3.3   Regla 3ª. La responsabilidad y autoridad de la naviera

La tercera regla versa sobre la responsabilidad y autoridad de la compañía. La
compañía debe definir y documentar los niveles de autoridad y los sistemas de
comunicación entre el barco y tierra, así como los roles y las funciones de todo
el personal relacionado con las normas de seguridad o medioambientales.

*3.1 Si la entidad responsable de la explotación del buque no es el propietario,
este habrá de comunicar a la Administración el nombre y demás datos de
aquella.*

Es responsabilidad del operador asegurarse de que el propietario cumpla con el
requisito de esta sección del Código. Estos detalles deben comunicarse a la administración del estado del pabellón.

En tierra, debe haber personal adecuado, y tal vez lo más importante: "personas
designadas en tierra" para proporcionar un vínculo con el barco, teniendo acceso
a los niveles de gestión de la compañía operadora o la propietaria, siendo responsable de los asuntos regidos por el Código (reglas 3 y 4).

*3.2 La compañía debería determinar y documentar la responsabilidad, auto-
ridad e independencia de todo el personal que dirija, ejecute y verifique las*

actividades relacionadas con la seguridad y la prevención de la contaminación o que pueda repercutir en ellas.

Es necesario documentar las responsabilidades y autoridades para que el personal involucrado en el SMS sepa qué se espera de él y para garantizar que se hayan asignado las funciones de seguridad y ambientales. El sistema de gestión documentado de la compañía debe contener descripciones claramente redactadas de las responsabilidades y autoridades junto con las líneas de informes del personal dentro de la estructura de gestión. Se debe fomentar el uso de esquemas o diagramas de flujo para documentar las líneas de autoridad y las relaciones e interacciones entre los roles.

Finalmente, existen previsiones relativas a asegurar el mantenimiento del barco y de su equipo en general.

3.3 La compañía será responsable de garantizar que se habilitan los recursos y el apoyo en tierra adecuados para permitir a la persona o personas designadas ejercer sus funciones.

Se debe determinar si la compañía está comprometida a brindar el apoyo necesario para que la persona designada cumpla con sus obligaciones. Esto puede incluir la revisión de la correspondencia entre la persona designada y la junta directiva, el presupuesto para la capacitación en seguridad y la actitud hacia las cuestiones de seguridad en el ámbito de la gerencia. El compromiso debe comenzar desde las esferas superiores y prevalecer en toda la compañía.

Todas estas cuestiones deben estar tratadas por escrito en el *Manual del sistema de gestión de la seguridad* y se debe asumir todo el proceso de control de los documentos y datos relevantes para el mismo. Para ello, la compañía naviera deberá llevar a cabo una auditoría interna para comprobar que su SGS se está cumpliendo en la práctica.

2.3.4 Regla 4ª. La Persona Designada en Tierra (DPA-Designated Person Ashore)

Trata sobre uno de los aspectos más controvertidos en la aplicación del Código internacional de gestión de la seguridad operacional del buque (IGS) a escala internacional. Para garantizar la operación segura de cada buque y proporcionar un vínculo entre la compañía y las personas a bordo, cada compañía, según corresponda, debe designar a una o más personas en tierra que tengan acceso directo al nivel más alto de gestión.

Este es el tratamiento de la persona designada en tierra (DPA) en todas sus competencias. Este apartado aborda uno de sus aspectos más relevantes: la formación y cualificación de la persona designada. Sin ella, queda gravemente comprometida la seguridad operacional del buque. El artículo 4 del Código IGS introduce así, en la actividad marítima, una figura sin precedentes y de extraordinaria relevancia.

La persona designada tiene la enorme responsabilidad de asegurar al buque todo el apoyo necesario desde tierra a fin de garantizar la seguridad operacional y el cumplimiento de las previsiones del Código IGS. Es un eslabón vital entre el buque y la naviera, que deberá garantizar en todo momento un óptimo nexo de enlace entre el personal de tierra y el de a bordo. Sus funciones son de tal importancia que, en el caso de no ejecutarse correctamente, peligra la gestión operacional de a bordo. La responsabilidad y autoridad de la persona o personas designadas deben incluir la supervisión de los aspectos de seguridad y prevención de la contaminación de la operación de cada buque y garantizar que se apliquen los recursos adecuados y el apoyo en tierra, según sea necesario.

La persona designada debe atender los incumplimientos o no conformidades formuladas por los capitanes de los buques a su cargo, en relación con el sistema de gestión de la seguridad SGS. Por otra parte, la aplicación del Código IGS implica una gran cantidad de información que debe quedar registrada, con una gran trazabilidad documental, que, en caso de accidente o incidente marítimo (incluyendo un accidente laboral), permita determinar, tras una somera investigación, si la persona designada era consciente de cualquier deficiencia. En los supuestos de innavegabilidad, la naviera no puede alegar desconocimiento, cuando la misma haya sido debidamente comunicada.

Para que cualquier sistema de gestión se mantenga adecuadamente, es esencial que se supervise a intervalos regulares. Esto garantizará que:

- Se verifique la implementación.

- Se informe de las deficiencias.

- Se identifique a los responsables de las medidas correctivas y se tomen las medidas adecuadas.

La tarea de implementar y mantener el SGS es una responsabilidad de la línea de gestión. Sin embargo, la persona designada (DPA) tiene un papel clave en el proceso de supervisión. Las personas designadas deben estar adecuadamente cualificadas y tener experiencia en operaciones de buques o sistemas de gestión y estar completamente familiarizadas con las políticas de seguridad y protección ambiental de la compañía y el Sistema de Gestión de Seguridad. Es fundamental que tengan independencia y autoridad para informar al más alto nivel de la dirección. Sus responsabilidades pueden incluir la organización de las auditorías de seguridad de la empresa.

Asegurado el nexo entre el buque y la compañía, podría plantearse la duda de la capacidad de la persona designada para solventar los problemas de los que tenga conocimiento. Tal duda no debería existir, ya que el Código IGS especifica claramente que la persona designada será "una o varias personas en tierra directamente ligadas a la dirección, cuya responsabilidad y autoridad les permita supervisar los aspectos operacionales del buque que afecten a la seguridad y la prevención de la contaminación, así como garantizar que se habilitan recursos suficientes y el debido apoyo en tierra", lo que implica, por lo menos, desde el punto de vista teórico, que deberá tener suficiente capacidad y autonomía para tomar las decisiones que considere oportunas para garantizar una gestión operacional segura.

La realidad, sin embargo, ha mostrado diferentes disfunciones y un gran número de problemas que se pueden resumir en tres apartados:

- La diferente configuración según la empresa naviera. Es decir, las funciones y obligaciones del DPA varían en función de la compañía, la cultura de seguridad, el tamaño y los procedimientos, y abarcan diversos perfiles:

  - oficial de seguridad, el inspector o su asistente (perfil operativo);

  - gerentes, recursos humanos, financieros, etc. (perfil gestor);

  - departamento propio con personal específico, norma mente en grandes compañías (la mejor opción en atención a los objetivos del código).

- La gestión operativa del buque que contempla el Código IGS es sumamente dinámica, con diversos requerimientos funcionales que pueden ser identificados en el SGS: los procedimientos de comunicación de accidentes e incidentes, y de emergencias. A partir de ellos, se han de adoptar medidas correctoras y realizar su seguimiento, lo que implica una supervisión periódica de inspecciones y procedimientos. La puesta al día requiere una actualización permanente y una gran experiencia.

- Solamente a partir de las enmiendas de Manila (2010) al Convenio STCW 78/95 se ha contemplado la coordinación entre el Código IGS y el STCW. La tardanza de su entrada en vigor explica la falta de formación y cualificación en el desarrollo e implementación del código.

2.3.5   Regla 5ª. El capitán

El precepto reafirma expresamente y de manera indubitada la autoridad del capitán y establece que será la compañía quien determine sus atribuciones en el ejercicio de diversas funciones.

5.1 La compañía debería determinar y documentar claramente la atribuciones del capitán en el ejercicio de las funciones siguientes:

- Implementar los principios de la compañía sobre seguridad y protección ambiental;
- fomentar entre la tripulación la aplicación de dichos principios.
- impartir las órdenes e instrucciones pertinentes de manera clara y simple;
- verificar que se cumplen las medidas prescritas; y
- revisar periódicamente el SGS e informar de sus deficiencias a la dirección en tierra.

La responsabilidad de supervisar e implementar todos los aspectos relevantes del SGS de la compañía en sus buques recae en el capitán. Se debe proporcionar una orientación clara a los capitanes sobre su responsabilidad en asuntos que afecten la seguridad del buque, sus pasajeros y/o la carga y el medioambiente.

> *5.2 La compañía se debería asegurar de que el SGS que se aplique a bordo figura una declaración recalcando de manera inequívoca la autoridad del capitán. La compañía debería hacer constar en el SGS que compete primordialmente al capitán tomar las decisiones que sean precisas en relación con la seguridad y la prevención de la contaminación, así como pedir ayuda a la compañía en caso necesario.*

Los capitanes deben esperar apoyo y aliento de la compañía en todo momento. Debe haber una declaración clara y explícita en el sistema de gestión documentado de que el capitán tiene la autoridad primordial para desviarse del mismo en tiempos de crisis y solicitar asistencia de la compañía si es necesario. Ambas declaraciones deben ser rotundas e inequívocas, y se debe poner el énfasis apropiado en la autoridad primordial del capitán.

Más allá de los aspectos legales y documentales (quizá excesivos), el capitán debe "lograr" un equipo humano implicado y motivado en la seguridad del buque y sus principios. Si el SGS no está actualizado o no es funcional, debe promover su modificación. En la realidad, se observa una preocupación más orientada al "cumplimiento" documental, que a una auténtica gestión proactiva de la seguridad. La seguridad es una parte de la cultura de la empresa, y son precisamente sus líderes los que tienen un cierto poder sobre cómo funciona y sobre la toma de decisiones, en particular las que van a determinar si las prácticas y actitudes que muestra una organización representan una auténtica cultura de seguridad. Las enseñanzas de E. Shackelton, recogidas en su obra *Escape from the Antarctic*, deberían ser de lectura obligada para todos los capitanes y patrones, así como en todas las universidades marítimas. No existe en toda la literatura mundial mejor teoría sobre el liderazgo humano que los principios de Shackelton, aplicados en las mejores universidades y escuelas de negocios del mundo.

2.3.6 Regla 6ª. Sobre la gestión de los recursos del buque y su personal

Esta regla establece las responsabilidades de una compañía marítima en cuanto a la preparación y gestión del personal, especialmente el capitán y la tripulación, para garantizar la seguridad a bordo y el cumplimiento del Sistema de Gestión de la Seguridad (SGS), así como la normativa nacional e internacional.

> *6.1 La compañía debería garantizar que el capitán:*
>
> 1. *Esté debidamente capacitado para ejercer el mando;*
>
> 2. *conoce perfectamente el SGS por ella adoptado; y.*
>
> 3. *cuenta con la asistencia necesaria para cumplir sus funciones de manera satisfactoria.*

Establece como precepto básico la capacitación que debe tener el capitán del buque, así como de la tripulación.

> *6.2. La compañía debería asegurarse de que todo buque:*
>
> 1. *está dotado con gente de mar cualificada, titulada y con la aptitud física para el servicio, de conformidad con las prescripciones nacionales e internacionales: y*
>
> 2. *dispone de una dotación adecuada a fin de prever todos los aspectos relacionados con el mantenimiento de las operaciones en condiciones de seguridad a bordo.*

Existe una interrelación entre el Código IGS y el Código STCW, como ya se ha comentado, especialmente a partir de las enmiendas de Manila 2010. La compañía tiene la clara responsabilidad de emplear marinos cualificados y aptos para asegurarse que estén familiarizados con el sistema de gestión que aplica la compañía. Esta debe poder demostrar a los auditores, por cualquier medio, que este requisito del Código se está cumpliendo correctamente. Se pueden guardar copias de los certificados en un archivo de la oficina o puede ser necesario enviar por fax una muestra aleatoria de certificados de una sección transversal de la flota. Algunas compañías mantienen bases de datos electrónicas en lugar de un sistema de archivo en papel. En este caso, se debe obtener una muestra aleatoria de los certificados por fax para verificar la exactitud de la base de datos. Usualmente, antes del enrole, las compañías exigen al tripulante, mediante su firma, una declaración de que está familiarizado con el SGS de a bordo.

Requiere que sean personas competentes, tituladas y en buen estado físico, ya que el capitán debe contar con el apoyo necesario para cumplir con sus funciones de manera adecuada.

La compañía debe asegurarse de que el personal nuevo o aquellos que cambien de tareas relacionadas con la seguridad y la protección del medioambiente estén adecuadamente familiarizados con sus funciones antes de zarpar, proporcionándoles instrucciones claras y documentadas.

> *6.3 La compañía debería adoptar procedimientos a fin de garantizar que el personal nuevo y el que pase a realizar tareas nuevas que guarden relación con la seguridad y la protección del medio ambiente puede familiarizarse debidamente con sus funciones. Se deberían concretar, fijar documentalmente e impartir las instrucciones que sea indispensable dar a conocer antes de hacerse a la mar.*

El STCW A-I/14 (Responsabilidades de las compañías) requiere que la compañía proporcione instrucciones escritas al capitán que establezcan las políticas y los procedimientos que se deben seguir para garantizar que los marinos recién incorporados estén conozcan bien sus funciones antes de que se les asignen tareas a bordo. Esta fase de adaptación a bordo debe incluir tiempo suficiente para familiarizarse con:

- Procedimientos y disposiciones de emergencia/evacuación para realizar las tareas asignadas correctamente.

- Deberes específicos del buque relacionados con el papel que desempeñará el marino a bordo.

- Conocimiento específico del buque sobre los procedimientos de seguridad y protección ambiental con los que el marino debería estar familiarizado.

Se debería designar a un miembro de la tripulación con conocimientos para garantizar que se proporcione información esencial a los marinos recién incorporados en un idioma que comprendan. El Código STCW exige una formación obligatoria en gestión de multitudes para algunos miembros del personal que prestan servicios en buques de pasajeros. Los registros de familiarización e instrucciones recibidas por los miembros de la tripulación deben estar disponibles para que los examine el auditor o los auditores.

> *6.4 La compañía se deberá asegurar de que todo el personal relacionado con el SGS comprende adecuadamente los oportunos reglamentos, códigos y directrices.*

Si bien el Código IGS no introduce nuevos requisitos legislativos, el SMS debe abarcar todos los convenios internacionales, las normas y reglamentos nacionales, las directrices de la industria y los códigos de práctica existentes. Es aceptable que el SGS incluya documentos como el Código de prácticas de trabajo seguras para marinos mercantes, la Guía de procedimientos del puente y la Guía de seguridad de los buques tanque, etc.

6.5 La compañía debería adoptar y mantener procedimientos por cuyo medio se concreten las necesidades que puedan presentarse en la esfera de la formación, con objeto de potenciar el SGS, y garantizará que tal formación se imparte a la totalidad del personal interesado.

La manera de revisar las necesidades de capacitación de las personas, tanto en tierra como a bordo, es responsabilidad de la compañía. Esto puede lograrse mediante una evaluación anual del personal, el informe de fin de contrato para el personal en servicio, los resultados de auditorías internas, simulacros y análisis de accidentes. Los requisitos de capacitación pueden cumplirse con cursos de capacitación de actualización y experiencia en el trabajo. Nos estamos refiriendo al hecho que el Código requiere una formación continuada.

6.6 La compañía debería adoptar procedimientos para que la información sobre los SGS se facilite al personal en un idioma o idiomas de trabajo que entienda.

El SMS, en cualquier forma, debe estar disponible para todo el personal, tanto en tierra como a bordo. Es responsabilidad de la compañía asegurarse de que los manuales estén en uno o más idiomas que la tripulación entienda. Muchas compañías emplean los servicios de agencias de contratación (*Manning Agents*), a menudo en varios países del mundo. Los procedimientos de la compañía deben detallar el proceso mediante el cual los miembros de la tripulación son seleccionados y asignados a sus buques y se familiarizan con sus responsabilidades antes de asumir un puesto a bordo.

6.7 La compañía se debería asegurar de que, en la realización de las tareas relacionadas con el SGS, el personal del buque puede comunicarse de manera efectiva.

La capacidad de los miembros de la tripulación para comunicarse eficazmente es fundamental para la seguridad del buque. Esto debe evaluarse en la etapa de contratación y las agencias de contratación deben estar atentas a este ejercicio. La compañía debe asegurarse de que existan procedimientos establecidos para supervisar las agencias de contratación que utilice.

2.3.7   Regla 7ª. Operaciones a bordo

El precepto sobre *Operaciones de a bordo* (enmiendas 2008) describe cómo la compañía adoptará procedimientos, planes e instrucciones, así como las listas de comprobaciones que procedan, aplicables a las operaciones más importantes que se efectúen a bordo en relación con la seguridad del personal, del buque y la protección del medioambiente. Las diversas tareas involucradas deben definirse y asignarse a personal cualificado.

La compañía debe identificar las operaciones esenciales a bordo y asegurarse de que se establezcan procedimientos e instrucciones para llevar a cabo estas operaciones. Si bien las operaciones a bordo variarán de un tipo de buque a otro, se delimitarán las distintas tareas que hayan de realizarse, confiándolas a personal competente:

- Operaciones normales.

- Operaciones de puente: planificación de ruta, navegación, prevención del abordaje, guardias de mar, guardia de puerto, órdenes del capitán, relevos, imprevistos, comunicación interna, etc.

- Operaciones de la máquina: se requieren procedimientos de control de los auxiliares, sistemas de servo, bunkering, gestión de basuras, manipulación y almacenamiento de productos químicos, etc.

- Operaciones de carga: se requieren procedimientos para operaciones clave de manipulación de la carga y prevención de la contaminación, como preparación de las bodegas/tanques, planes de carga y descarga, informes y gestión de residuos, etc.

- Operaciones especiales de cubierta y lastre: se requieren de procedimientos para operaciones importantes como atraque/desatraque, fondeo, accesos, estanqueidad, estabilidad, gestión de residuos, calados, vigilancia de polizones, etc.

- Operaciones críticas: navegación con mal tiempo, transporte de mercancías peligrosas, navegación con visibilidad reducida, trabajos especiales durante la navegación, entre otras.

El auditor o auditores deben determinar que las operaciones identificadas son pertinentes y completas para el tipo o tipos de buque que operan la compañía.

En general, se identificarán y se documentarán todas las actividades que afecten a la seguridad, la salud laboral y el medioambiente con respecto a la seguridad marítima. Igualmente, a la carga y el tipo de buque, donde se deban tomar medidas en relación con los riesgos analizados y evaluados (HAZID y HAZOP), que serán tratados en el capítulo 5: "Evaluación del riesgo".

2.3.8   Regla 8ª. Preparación para emergencias

Esta regla empieza estableciendo:

> 8.1. La compañía debería establecer programas de ejercicios y prácticas que sirvan de preparación para actuar con urgencia.

Los procedimientos deben integrar la respuesta a posibles emergencias mediante operaciones en tierra y a bordo. El Comité de Seguridad Marítima de la OMI ha elaborado las *Directrices para un sistema integrado de planificación de contingencias para emergencias a bordo*, publicadas como MSC/Circ. 760. Esta circular no pretende imponer un nuevo sistema ni sustituir los sistemas existentes que han sido probados y contrastados, como el SOPEP, pero las directrices pueden ser de ayuda para las compañías en el desarrollo de un sistema integrado de respuesta a emergencias. Los planes de contingencia pueden incluir:

- El papel y las responsabilidades del personal de tierra y del barco en el momento de una emergencia;

- Una lista de nombres y números de contacto de todas las partes pertinentes;

- Procedimientos para seguir en respuesta a diferentes escenarios de emergencia;

- Procedimientos para la comunicación entre el barco y la costa;

- Una base de datos de planes, detalles de los buques, capacidades de respuesta a emergencias, información sobre estabilidad de daños y equipo de prevención de la contaminación;

- Listas de verificación para una variedad de emergencias (se recomienda encarecidamente el uso de listas de verificación);

- Procedimientos para notificar a los familiares más cercanos;

- Pautas para comunicarse con la prensa y los medios de comunicación; y

- Procedimientos para solicitar servicios de emergencia a terceros.

- Se define la *emergencia* como la situación que ha ocasionado o puede ocasionar un accidente o situación crítica en la que se ponga en grave riesgo la salud o la vida de las personas, la seguridad del buque y su carga o el medioambiente. En relación con las emergencias, es necesaria la claridad de los procedimientos, pero lo verdaderamente importante es que el modo automático sea eficaz.

Los escenarios de emergencia para los que se pueden desarrollar planes de contingencia incluyen, entre otros:

- Falla estructural;
- Falla del motor principal;
- Falla del mecanismo de gobierno;
- Falla de la energía eléctrica;
- Colisión;

- Encallamiento;
- Desplazamiento de la carga;
- Contaminación (derrame de petróleo u otra carga);
- Incendio;
- Inundaciones;
- Abandono del buque;
- Hombre al agua;
- Entrada en espacios cerrados;
- Terrorismo o piratería;
- Operaciones de helicópteros para evacuación médica;
- Daños meteorológicos graves; y
- Tratamiento de lesiones graves.

Se puede enseñar a actuar de manera automatizada (ejercicios, charlas de seguridad, etc.), pero ante una situación de crisis y de posible bloqueo, ¿cómo se reaccionará? ¿Es posible también enseñar a pensar de manera automática y eficaz? La respuesta a esta difícil pregunta va ligada a una asunción somática de los principios y la cultura de la seguridad.

8.2. La compañía debería establecer programas de ejercicios y prácticas que sirvan de preparación para actuar con urgencia.

El programa de simulacros y ejercicios debe poner en práctica los planes de emergencia enumerados en el apartado 8.1 anterior y, cuando corresponda, movilizar los planes de contingencia de emergencia en tierra.

8.3. El SGS deberían proveer las medidas necesarias para garantizar que la compañía como tal pueda, en cualquier momento, actuar eficazmente en relación con los peligros, accidentes y situaciones de emergencia que afecten a sus buques.

Los ejercicios deben realizarse a intervalos regulares para poner a prueba la organización de respuesta a emergencias de la compañía y la competencia de quienes serán llamados a responder en una emergencia real. La capacidad del personal en tierra para responder a las emergencias también debe probarse periódicamente. Se deben mantener registros de todos los simulacros y ejercicios y ponerlos a disposición para su examen. En caso de que la compañía tenga que responder a una emergencia real, esto puede considerarse en lugar de un simulacro, siempre que se hayan conservado y analizado registros.

De momento, los siniestros del *Costa Concordia* (2012) y del *Norman Atlantic* (2014) cuestionan las actuales normas y reglas de evacuación para los buques de pasaje.

2.3.9 Regla 9ª. Gestión de incumplimientos, accidentes y situaciones potencialmente peligrosas en un SGS

Este precepto subraya la relevancia de comunicar todos los casos de incumplimiento, accidentes y situaciones potencialmente peligrosas a la empresa. Esta comunicación es fundamental para identificar y gestionar los riesgos en el entorno laboral. Tras el informe de estos incidentes, se llevarán a cabo investigaciones y análisis detallados, lo que resulta esencial para comprender las causas subyacentes de los problemas y prevenir su repetición en el futuro. Al examinar los casos de incumplimiento y accidentes, la empresa podrá detectar áreas de mejora en su Sistema de Gestión de Seguridad (SGS), contribuyendo a aumentar su eficacia y prevenir incidentes futuros.

> *9.1. El SGS debería incluir procedimientos para poner en conocimiento de la compañía los casos de incumplimiento, los accidentes y las situaciones potencialmente peligrosas, así como para que se investiguen y analicen, con objeto de aumentar la eficacia del sistema.*

> *9.2. La compañía debería adoptar procedimientos para aplicar las correspondientes medidas correctivas, incluidas las destinadas a evitar que se repitan los problemas.*

El SGS debe contener procedimientos que exijan la elaboración y envío a la empresa de todos los accidentes, sucesos peligrosos y no conformidades. La persona designada debe supervisarlos y determinar las medidas correctoras adecuadas con el objetivo final de evitar que se repita el incidente o la no conformidad.

No conformidad (NC)

Cualquier desviación de los procedimientos e instrucciones del SGS que represente una no conformidad deberá registrarse, consignarse en una nota de no conformidad y remitirse a la persona designada (DPA). El sistema debe estar diseñado para permitir la actualización, modificación y mejora continuas como resultado de los procedimientos de notificación.

Además, se propone un procedimiento para establecer medidas correctivas, en el que la empresa debe definir claramente los pasos necesarios para implementar acciones tras la identificación de un incumplimiento o accidente. Esto no solo implica abordar el problema inmediato, sino también garantizar que se tomen medidas para evitar que vuelva a suceder. La implementación de estas medidas es crucial para mejorar la seguridad y la salud en el trabajo. Con un enfoque proactivo, la empresa puede fortalecer su cultura de seguridad y reducir los riesgos para todos los empleados.

Los informes deben registrarse, investigarse, evaluarse, analizarse y aplicarse en caso necesario. Deben existir procedimientos para informar al buque notificador y para su difusión en todas las áreas apropiadas.

La motivación es un factor importante para el éxito del sistema de gestión y la retroalimentación es un poderoso motivador. La información debe registrarse y debe quedar constancia. La evaluación y el análisis pueden conducir a:

- La identificación y aplicación de medidas correctoras;
- Beneficios para toda la empresa;
- Modificaciones de los procedimientos existentes;
- Desarrollo de nuevos procedimientos.

Resulta evidente que las no conformidades van a aparecer de ordinario en las auditorías internas o externas, por lo que serán tratadas con mayor amplitud en el siguiente capítulo. Esto no obsta, naturalmente, para que el propio capitán formule alguna *no conformidad* sobre su propio SGS, lo que evidencia un incumplimiento del mismo.

Las situaciones potencialmente peligrosas

El procedimiento usualmente empleado y que goza de una base objetiva es la notificación de los "incidentes" o "cuasi accidentes" (*near misses*). Cabe destacar que los países marítimos más avanzados disponen de diversos sistemas de notificación. Sin embargo, es una carencia importante del Código que, en muchos casos, diversos pabellones y compañías solo reporten las no conformidades. Se constata, por otra parte, la resistencia de la gente de mar a la notificación de incidentes, por temor o desconfianza.

Entendemos por *cuasi accidente*: "Un cuasi accidente es un evento fortuito que no resulta en lesión, enfermedad o daño, pero que tiene el potencial de haberlo causado, y que solo una interrupción en la cadena de acontecimientos ha evitado que ocurriera. A pesar de que el concepto de *error humano* está generalmente relacionado con el inicio del evento, un proceso fallido o un acto inseguro pueden conducir a este, por lo que deben ser objeto de atención con vistas a la mejora continua" (Nearmiss.dk).[1]

La propia OMI, consciente de la escasa actividad notificadora de las *circunstancias potencialmente peligrosas* (incidentes o cuasi accidentes), así como de la poca repercusión práctica que ha tenido la sección 9ª del Código IGS —en tanto que medida precursora, no solo de la mejora continua de los Sistemas de Gestión

---

1   Ver website: https://www.nearmiss.dk/. Como puede verse, es un sistema de notificación de incidentes de lo más avanzado del mundo. Con solo ver las navieras participantes, principalmente nórdicas, da una imagen de la importancia otorgada a la gestión de la seguridad marítima.

de Seguridad (SGS) de las organizaciones, sino también del fomento de la seguridad marítima y de adquisición de cultura de la seguridad en el ámbito marítimo internacional—, estableció, mediante su Comité de Seguridad Marítima en las sesiones del 7 al 16 de mayo de 2008, la circular MSC-MEPC.7/Circ 7 de *Orientaciones sobre la Notificación de Cuasi accidentes* con el fin de:

1. Fomentar la notificación de los cuasi accidentes, de modo que se puedan tomar medidas correctivas para evitar que ocurran sucesos similares; y

2. Implantar dicha notificación de conformidad con las prescripciones de la sección 9 del Código IGS, en lo relativo a las situaciones potencialmente peligrosas. 2

Parece que, de este modo, la sección 9ª del Código IGS que, recordemos, no se trata de un instrumento de recomendaciones, sino de un marco legal obligatorio a todos los efectos, adquiere aún más relevancia, estableciendo una obligación legal de informar sobre las situaciones potencialmente peligrosas y cuasi accidentes, y planteando a las organizaciones el establecimiento de un método eficaz para detectar dichas situaciones. A pesar de ello, diversos estudios durante los últimos años, con carácter general, han acreditado la pobre y deficiente notificación en la práctica real (Storgard, Erdogan y Tapaninen, 2012).[3] [4]

Una opinión sumamente relevante y esencial es la del antiguo inspector principal del MAIB, Mr. Withington (2006), quien analizó los medios para medir el progreso de las mejoras en los sistemas de gestión de la seguridad a partir de un estudio de 690 buques examinados y 169 investigados en profundidad. Según Withington, una notificación precisa de incidentes podría constituir la base fundamental para evaluar la eficacia del Código IGS. No obstante, reconoció que, en la práctica, existen graves deficiencias en los informes de las compañías navieras, pese a los requisitos del Código IGS, que exige el establecimiento de un sistema adecuado de informes de incidentes.[5]

---

2   Ver MSC-MEPC.7/Circ.7 de 10 de octubre de 2008.

3   Ver una perspectiva panorámica de la cuestión en la TD dirigida por el autor RODRIGO DE LARRUCEA, J-LUEJE E. (2020): *Los incidentes (near misses) en la gestión proactiva de la seguridad marítima: modelos y marco jurídico.* (Disponible en: http://hdl.handle.net/2117/336235).

4   Ver por todos: STORGARD, J., ERDOGAN, I., TAPANINEN, U.: *Incident reporting in shipping. Experiences and best practices for the Baltic Sea.* Centre for Maritime Studies University of Turku, Turku, Finland (2010); WANG, Z.: *The use of near misses in maritime safety management.* World Maritime University, Dalian Maritime University, China (2006); THATCHER, J.: *The value of near-miss reporting, safety talk,* BWC's Division of Safety & Hygiene, www.bwc.ohio.gov/downloads/blankpdf/SafetyTalk Nearmissreport.pdf.

5   Ver WITHINGTON, S. (2006). *ISM – What has been learned from marine accident investigation?* Disponible en abierto: https://www.healert.org/filemanager/root/site_assets/standalone_pdfs_0355-/HE00475.pdf.

La notificación precisa de incidentes podría proporcionar la base fundamental para evaluar la eficacia del Código IGS: sin comunicación de incidentes, resulta muy dudoso que se pueda apreciar el ciclo de mejora continua.

2.3.10 Regla 10ª. Mantenimiento

Esta norma se refiere a la importancia del mantenimiento de los buques y de su equipo, estableciendo procedimientos y prácticas específicas que la empresa debe seguir.

> *10.1. La compañía debería adoptar procedimientos para garantizar que el mantenimiento del buque se efectúa de conformidad con los reglamentos correspondientes y con las disposiciones complementarias que ella misma establezca.*

> *10.2 En relación con lo que antecede, la compañía se debería asegurar de que:*
> 1. *se efectúan inspecciones con la debida periodicidad;*
> 2. *se notifican todos los casos de incumplimiento y, si se conocen, sus posibles causas;*
> 3. *se toman medidas correctivas apropiadas; y*
> 4. *se conservan sendos expedientes de esas actividades.*

Deben desarrollarse procedimientos para garantizar que el mantenimiento, las inspecciones, las reparaciones y la puesta en dique seco se lleven a cabo de forma planificada y priorizando la seguridad. Todo el personal responsable de mantenimiento debe estar debidamente cualificado y familiarizado con la legislación nacional e internacional, así como con los requisitos de las sociedades de clasificación. El equipo de gestión en tierra deberá proporcionar apoyo técnico y asesoramiento al personal de a bordo.

Los procedimientos de mantenimiento deben incluir:

- Casco y superestructura;

- Equipos de salvamento, contra incendios y anticontaminación;

- Equipos de navegación;

- Aparato de gobierno;

- Anclas y equipo de amarre;

- Motor principal y maquinaria auxiliar;

- Equipos de carga y descarga de mercancías;

- Sistemas de ventilación e inertización de tanques;

- Sistemas de detección de incendios;

- Sistemas de bombeo de sentina y lastre;

- Sistemas de evacuación de residuos y aguas residuales;

- Equipos de comunicaciones;

- Alumbrado de emergencia;

- Pasarelas y medios de acceso.

Los procedimientos de mantenimiento también deberán incluir instrucciones previas de trabajo para garantizar que la maquinaria o los sistemas sean seguros antes de empezar a trabajar.

La empresa debe organizar inspecciones periódicas de sus buques. Estas inspecciones deben ser ejecutadas por personal competente y cualificado de acuerdo con los procedimientos apropiados. Los registros de mantenimiento, inspecciones, certificados e informes pueden conservarse tanto a bordo del buque como en tierra, si la compañía lo considera oportuno.

Deben existir procedimientos para informar sobre las no conformidades y deficiencias, los cuales deben incluir un calendario para la ejecución de acciones correctivas. Es responsabilidad de la empresa garantizar que se investiguen estos informes y que se comunique la información al responsable correspondiente. Además, la empresa debe brindar el apoyo necesario para asegurar el funcionamiento eficaz del SGS.

> *10.3   La compañía debería averiguar cuáles son los elementos del equipo y los sistemas técnicos que, en caso de avería repentina, puedan crear situaciones peligrosas. Se deberán arbitrar asimismo medidas concretas destinadas a acrecentar la fiabilidad de dichos elementos o sistemas. Una de tales medidas debería consistir en la realización periódica de pruebas con los dispositivos auxiliares, así como con los elementos del equipo o con los sistemas técnicos que no estén en uso continuo.*

> *10.4   Las inspecciones y medidas a que se hace referencia en los párrafos 10.2 y 10.3 se deberán integrar en las operaciones ordinarias de mantenimiento del buque.*

Es responsabilidad de la compañía identificar los sistemas y equipos críticos. Una vez hecho esto, deberán desarrollarse procedimientos que garanticen su fiabilidad o, en su defecto, la disponibilidad de medios alternativos en caso de fallo repentino. Estos procedimientos deben incluir la comprobación periódica de los sistemas de seguridad, con el fin de evitar que una avería ocasione la pérdida total de su funcionalidad. Las rutinas de mantenimiento deben contemplar revisiones sistemáticas y regulares tanto de los sistemas críticos como de los de reserva.

La lista de equipos críticos puede incluir:

- Ayudas a la navegación, incluido el radar;
- Bombas contraincendios, incluida(s) la(s) bomba(s) contraincendios de emergencia;
- Generadores, incluido el generador de emergencia;
- Aparato de gobierno;
- Sistemas de combustible;
- Sistemas de aceite lubricante;
- Paradas de emergencia y dispositivos de cierre a distancia;
- Sistemas de comunicaciones;
- Sistemas de propulsión del motor principal.

El auditor o auditores deberán examinar las medidas que se han desarrollado para fomentar la fiabilidad, incluidos los registros, la frecuencia de las inspecciones/pruebas y los procedimientos de mantenimiento.

Es necesario establecer procedimientos incluidos en el SGS para identificar los elementos del equipo y los sistemas técnicos que, en caso de fallo inesperado, puedan generar situaciones peligrosas. Asimismo, conviene implementar medidas concretas para mejorar la fiabilidad de estos elementos y sistemas. Esto incluye realizar pruebas periódicas de los dispositivos auxiliares y de los elementos del equipo que no están en uso constante.

Las inspecciones y las acciones mencionadas en los párrafos anteriores tienen que estar integradas en las operaciones rutinarias de mantenimiento del buque, asegurando que este no solo sea meramente reactivo, sino una actividad continua e integrada de la operación del buque.

3

Documentación, verificación y certificación del SGS

Para asegurar la correcta implementación del Sistema de Gestión de Seguridad (SGS), las empresas navieras deben seguir las prescripciones del Código Internacional de Gestión de la Seguridad (CIGS), que establece los procedimientos necesarios para documentar, verificar y certificar el SGS, tal como lo establecen las reglas 11, 12 y 13. A continuación, se detalla el marco para garantizar su cumplimiento.

3.1   Regla 11ª. Documentación

La empresa debe establecer y mantener procedimientos para controlar todos los documentos y datos relacionados con el SGS. Esto asegura que toda la información esté bien organizada y disponible para su uso. Asimismo, dicha información debe estar siempre accesible en todos los lugares donde sea necesaria, cualquier modificación debe ser revisada y aprobada por el personal autorizado. Los documentos que ya no sean válidos se deberán eliminar inmediatamente para evitar confusiones.

> 11.1 La compañía debería adoptar y mantener procedimientos para controlar todos los documentos y datos relacionados con el SGS.

La empresa debe crear un el *Manual del sistema de gestión de la seguridad* que describa cómo implementar el SGS. La documentación debe estar organizada según la forma que la empresa considere más conveniente. Cada buque debe llevar la documentación que le corresponda, lo que asegura que el personal a bordo tenga acceso a la información necesaria.

11.2 La compañía debe garantizar que:

1. *Los documentos válidos estén disponibles en todas las ubicaciones pertinentes.*

2. *Los cambios a los documentos sean revisados y aprobados por personal autorizado.*

3. *Los documentos obsoletos sean eliminados rápidamente.*

Deben establecerse procedimientos para el control de toda la documentación, que ha de ser aprobada antes de su emisión y evaluada para determinar su facilidad de uso. Este constituye un elemento esencial de cualquier SGS. El personal, en todos los niveles dentro de la compañía, debe estar familiarizado con los procedimientos y con versión más actualizada de la documentación.

Es aconsejable que las compañías limiten su documentación a la estrictamente necesaria para cumplir con los requisitos de seguridad y protección ambiental. Asimismo, conviene fomentar el principio de mantener los procedimientos e instrucciones breves y sencillos. La documentación desarrollada por la compañía debe ser la más eficaz para su funcionamiento. El exceso de documentación puede perjudicar la eficiencia del SGS y, sin duda, dificultará el trabajo del personal que implementa el sistema, siendo uno de los aspectos más criticados por las tripulaciones.

El propietario u operador que asume la gestión náutica debe cumplir con el Código IGS, asegurándose de que todos los miembros de la tripulación con funciones específicas de gestión las realizan en los términos requeridos por la OMI, o bien delegando las operaciones a un gestor cuyos datos hayan sido registrados y sean conocidos por la autoridad.

La certificación de una empresa naviera bajo el Código IGS, consiste en tres tipos de certificados:

- **Document of Compliance (DOC)** o Certificado de Cumplimiento, definido como "un documento expedido a una compañía que cumple lo prescrito en el Código IGS". Certifica la conformidad de la organización y los procedimientos de operaciones en tierra, respecto a lo establecido en dicho código. El capitán deberá tener a bordo una copia del DOC que permita demostrar su posesión ante la autoridad competente en caso de inspección. Una empresa puede tener múltiples DOC de diferentes banderas y sociedades de clasificación, dependiendo de los barcos que administre. Por ejemplo, una empresa que opera barcos de Singapur y Hong Kong puede tener DOC de distintas sociedades, como DNV o NK. Es crucial que el barco tenga el DOC correspondiente a su clasificación y bandera.

- **Safety Management Certificate (SMC)** o Certificado de Gestión de la Seguridad (CGS), se trata de "un documento expedido a un buque como testimonio de que la compañía y su gestión a bordo del mismo se ajustan al sistema de gestión de la seguridad aprobado". Se otorga por la Administración o la organización reconocida por ella a cada barco de la empresa naviera, acreditando el cumplimiento a bordo de la nave de los procedimientos establecidos en el Código IGS. Únicamente puede ser expedido una vez que la compañía operadora del buque ha obtenido el DOC correspondiente. La auditoría externa del sistema de gestión de seguridad (SGS) es generalmente realizada por la sociedad de clasificación en nombre de la bandera del barco. Este certificado también tiene una validez de cinco años y requiere una verificación intermedia entre los 2 y 3 años posteriores a su emisión. Es importante destacar que la validez del Certificado de Gestión de Seguridad está condicionada a la del DOC: si este se revoca o invalida, el certificado de gestión también pierde su validez.

- **Interim Certificate (IC)** o Certificado Provisional, se expide para facilitar la implantación inicial del IGS cuando una compañía se establezca por primera vez, o cuando vayan a añadirse nuevos tipos de buque a un documento de cumplimiento existente, dado que la compraventa de buques es muy usual en la industria marítima.

11.3 Los documentos utilizados para describir e implementar el SMS pueden denominarse Manual de gestión de la seguridad. *La documentación debe conservarse de la forma que la compañía considere más eficaz. Cada buque debe llevar a bordo toda la documentación pertinente.*

El SGS de la compañía debe abarcar todos los elementos del Código IGS. El uso de una matriz para identificar las secciones pertinentes es un método simple y eficaz. La compañía puede considerar la posibilidad de designar a una persona en tierra con la responsabilidad de controlar, modificar, aprobar y distribuir la documentación del SGS, que debe ser supervisada por la persona designada. A bordo del buque, el control de la documentación normalmente recaerá en el capitán.

El Código IGS no impone específicamente ninguna sanción por incumplimiento, pero esto no quiere decir que no haya ninguna. Desde el 1 de julio de 1998, todos los barcos y las navieras deben estar en posesión del DOC y del Certificado de Gestión de la Seguridad (CGS). Estos documentos son esenciales si el barco se encuentra operando y, en caso contrario, la naviera y el barco se encontrarán en una situación de incumplimiento de las regulaciones impuestas por la Administración del país de bandera, teniendo como resultado la imposibilidad de entrar en cualquier puerto o su detención por el control del Estado del puerto (PSC). No disponer de los documentos acreditativos del Código IGS implica de manera clara y rotunda la innavegabilidad del buque.

Proceso documental del Código IGS		
Etapa	Objetivos	Actividad
1	Implementación en tierra	− Establecimiento del sistema de gestión de seguridad (SGS). − Designación de una persona responsable en tierra (DPA). − La compañía revisa su SGS. − Se efectúan las acciones correctivas apropiadas. − Se programa la primera auditoría interna en tierra.
2	Certificación interina en tierra *Interim Document of Compliance (interim DOC)*	− La compañía solicita la certificación a la Administración. − Una organización reconocida efectúa la verificación interina en nombre de la Administración. − Si la verificación resulta satisfactoria, se remite un *Document of Compliance* provisional.
3	Certificación interina a bordo *Safety Management Certificate (interim SMC)*	− La compañía en poder del DOC, solicita a la Administración el certificado de gestión de la seguridad (CGS). − Una organización reconocida efectuará la verificación interina en nombre de la Administración. − Si la verificación resulta satisfactoria, se emite el CGS provisional (*Interim Safety Management Certificate*).
4	Certificación permanente En tierra: DOC A bordo: CGS	− Tanto en tierra como a bordo se requiere que ambas unidades pasen una auditoría inicial, la cual determinará si emite o no el respectivo DOC y CGS. − Esta verificación se realiza 5-6 meses después de la auditoria inicial.
5	Verificaciones externas anuales A bordo (2,5 a 3 años)	− El CGS debe ser verificado y endosado por la Administración o una organización reconocida en un período comprendido entre 2 años y 6 meses desde la fecha de la auditoria inicial.
6	Verificaciones internas anuales En tierra: anual A bordo: anual	− El sistema de gestión de la seguridad (SGS) debe ser auditado por la compañía anualmente (mediante auditoría interna). − Código IGS, 12.1.

Tabla 1. Proceso documental del Código IGS. (Fuente: elaboración propia)

3.2 Regla 12ª. Verificación

La empresa debe efectuar auditorías internas para verificar que las actividades relacionadas con la seguridad y la prevención de la contaminación se ajusten a los procedimientos del SGS. Para garantizar que el Sistema de Gestión de Seguridad funcione adecuadamente, estas auditorías internas deber ser periódicas. Las verificaciones sirven para evaluar si las actividades se realizan conforme a los procedimientos establecidos en el SGS y detectar cualquier irregularidad o deficiencia.

Las auditorías y cualquier medida resultante deben llevarse a cabo de acuerdo con los procedimientos establecidos en la documentación del SGS. Estas deben ser realizadas por personal que no esté involucrado en la actividad examinada, lo cual garantiza la imparcialidad, salvo que las características del tamaño de la empresa lo impidan. Los resultados de las auditorías y revisiones deben comunicarse a todo el personal involucrado en la actividad evaluada, asegurando que los hallazgos sean conocidos por todos. El personal de gestión encargado de la actividad auditada debe tomar medidas inmediatas para corregir cualquier deficiencia observada durante la auditoría.

3.2.1 Las No Conformidades (NC)

Para verificar que se cumplan los requisitos necesarios en los barcos, se llevan a cabo dos tipos de auditorías, las internas y las externas, que dependerán de la bandera que enarbole el buque. Durante las auditorías, el auditor puede encontrar algunas deficiencias, las cuales se clasifican por el Código IGS en *observaciones*, *no conformidades menores* y *no conformidades mayores*. Estos términos pueden entenderse como sinónimos de *Incumplimientos mayores*, *Incumplimientos menores* y *Observaciones*. Cabe destacar que el concepto de "no conformidad" es de origen anglosajón y es adoptado por nuestra administración DGMM-MITMA.

En igual sentido, la Inspección de buques o *la Inspección de Control del Estado del Puerto* (PSC).

Observaciones (Obs)

Las *observaciones*, según el Código IGS, se definen como una "declaración de hecho realizada durante una auditoría de gestión de seguridad, respaldada por pruebas objetivas". Esto implica que, aunque el barco cumpla con los requisitos del código en aquel momento, la cuestión identificada puede deteriorarse con el tiempo si no se corrige, lo que llevaría a una potencial *no conformidad* en futuras auditorías. En resumen, una observación es un aviso de un posible incumplimiento que debe abordarse para evitar problemas mayores en el futuro.

Un ejemplo sería que el barco requiera ciertos repuestos que deban estar a bordo, como piezas críticas que no estaban a bordo porque se consumieron recientemente, pero cuya solicitud ya se había hecho. Otro ejemplo es que los SMS del buque requieran publicaciones actualizadas y que no las tengan.

Observaciones; ejemplos:

1. En una salida de emergencia hay mercancía o material que la inhabilita (puede subsanarse inmediatamente).

2. Incumplimiento de plazos de mantenimiento de un equipo no crítico pero incluido en el MGS.

3. Falta de seguimiento o respuesta de la compañía ante una medida correctiva propuesta por el capitán (inferior a 3 meses).

4. Empleo de una lista de comprobación en una versión anterior, pero que tiene los mismos ítems.

5. La bandeja de derrames del manifold deberá mantenerse limpia y seca (ver procedimiento de operaciones de carga).

6. La figura del DPA no está claramente definida en el organigrama del MGS. Debería reflejarse de forma explícita la conexión la alta dirección, el DPA y los buques para garantizar una comunicación y responsabilidad claras.

Las no conformidades menores (NC)

Las *no conformidades menores*, según el Código son: "*No conformidad* significa una situación observada en la que la evidencia objetiva indica el incumplimiento de un requisito específico". Se trata de incumplimientos menos graves que, aunque no representan un peligro inmediato, deben ser corregidos para asegurar la mejora continua del sistema. Se recomienda que la empresa implemente medidas preventivas para evitar que las conformidades menores se conviertan en mayores.

Utilizando el mismo ejemplo que en las observaciones, la no conformidad será, en el caso de las piezas de repuesto, que no estuvieran a bordo debido a que se consumieron recientemente, pero la solicitud no se había efectuado. En cuanto a las cartas náuticas, podría darse el caso que, en una comprobación aleatoria, faltase una corrección permanente en una de ellas.

Con carácter ilustrativo se muestran diferentes ejemplos de No Conformidades menores:

1. En el circuito CCTV tiene registrado un fallo desde el 02/07/24, transcurrido el plazo de tres meses, plazo máximo, debería haber implantado la acción correctiva.

2. El primer oficial se encuentra con el certificado de supervivencia y botes de rescate no rápidos caducado, y no consta, según indica en el procedimiento de gestión nº XXX, ninguna actuación por parte del buque ni de la compañía en relación con las necesidades de formación.

3. Válvula telemandada del tanque nº 2 Estribor (caída), con pérdida de aceite. No consta ningún registro de esta incidencia.

4. Faltan alfombras aislantes próximas a los paneles eléctricos.

5. La radial no dispone de protección.

6. Reuniones del comité de seguridad no celebradas o no registradas.

7. Ejercicio de protección trimestral no realizado.

8. Documentos, registros o instrucciones en idioma diferente al de trabajo.

9. Falta de anotaciones en el *Oil Record Book* o en el plan de gestión de residuos a bordo: prevención de la contaminación y cumplimiento del MARPOL.

10. Cartas y publicaciones no están actualizadas y, por tanto, no se cumple el registro según el Manual de Gestión de la Seguridad (MGS).

3.2.2   Las no Conformidades Mayores (NCM)

Las *No Conformidades Mayores* o grandes incumplimientos son, según el Código: "Una desviación identificable que representa una grave amenaza para la seguridad del personal o del buque, o un riesgo grave para el medioambiente, que requiere una acción correctiva urgente e incluye la falta de implementación efectiva y sistemática de un requisito de este Código". Su identificación precisa acciones correctivas inmediatas, como la revisión y modificación del SGS. Una no conformidad mayor puede deberse a una sola deficiencia o incidente importante, o bien a varias pequeñas deficiencias de un área. Conviene precisar que una NCM implica la retirada del Certificado de SGS y del despacho del buque, es decir, no puede navegar.

Una *No Conformidad* mayor puede ser, por ejemplo, una sola deficiencia en los equipos MARPOL o en los salvavidas. Asimismo, puede ser la existencia de muchas pequeñas deficiencias en el mantenimiento de registros.

La diferencia entre una NCM y una NC radica en que esta última puede ser causada por un error puntual, un olvido o un incumplimiento aislado, mientras que una no conformidad mayor implica un importante fallo del sistema o evidencia que el SGS no está implementado de forma efectiva.

En el caso de que se emita una No Conformidad Mayor, la OMI, a través de sus Circulares MSC.1059 y MEPC.401, ha establecido una serie de directrices que detallan el procedimiento a seguir. Los buques no pueden navegar con una no conformidad mayor; solo se permite cuando problema ha sido corregido a una no conformidad menor. Esta devaluación se dará cuando se implementen las acciones correctivas en un período inferior a 3 meses. Si la naturaleza de la no conformidad mayor es muy grave, se puede retirar el CGS (SMC) del buque. En este caso, no se emitirá un certificado provisional, sino que deberá pasar por un proceso de obtención inicial del SMC que incluirá la verificación inicial de SMS.

Ejemplos de No Conformidades Mayores:

1. Certificados caducados.

2. No revisión de equipos de seguridad (botes, balsas, extintores, etc.).

3. No cumplir con la resolución de tripulación mínima.

4. Equipos críticos de seguridad inhabilitados o inoperativos.

5. Solicitar inspección SGS fuera de plazo.

3.3   Regla 13ª. Certificación

Este precepto establece las normativas para la emisión de certificados y la verificación de que el buque cumple con el Sistema de Gestión de Seguridad (SGS). El buque debe estar operado por una empresa que posea un Documento de Cumplimiento (DOC), el cual certifique que cumple las normativas aplicables al SGS.

La Administración, una organización reconocida por ella (OR), o el gobierno del país donde esté registrada la empresa, deben expedir dicho Documento de Cumplimiento a aquellas empresas que se ajusten a las disposiciones del Código Internacional de Gestión de Seguridad (CIGS). Este documento confirma que la empresa está capacitada para cumplir con los requisitos del Código. Además, una copia del DOC debe estar a bordo del buque para que el capitán pueda presentarla a las autoridades en caso de ser requerido.

Asimismo, la Administración o una organización reconocida debe emitir un Certificado de Gestión de la Seguridad al buque, una vez verificado que cumple con los requisitos del SGS. Finalmente, la Administración o entidad autorizada debe llevar a cabo verificaciones periódicas para asegurar que el SGS aprobado sigue funcionando de manera adecuada.

3.4 Las directrices del MOU París

Las directrices del Memorándum de París (Paris MoU) establecen los criterios para guiar la notificación y es seguimiento de deficiencias relacionadas con el Código ISM durante las inspecciones de control por el Estado rector del puerto (PSC).

Estas directrices están dirigidas a los oficiales de control de PSC (PSCO) y buscan una armonización en la identificación y reporte de deficiencias con relación al Código.

Contexto del Código IGS y su aplicación

El Código IGS es un instrumento obligatorio bajo el Convenio SOLAS 74, capítulo IX. La Administración de cada país es responsable de verificar el cumplimiento del Código ISM y de emitir los Certificados de Gestión de Seguridad (SMC) y los Documentos de Cumplimiento (DOC). Estas verificaciones se realizan por la Administración o por una organización reconocida (OR).

El PSCO lleva a cabo una inspección en el puerto, que es un proceso de muestreo, proporcionando una instantánea del estado del barco en un día específico. El Código IGS se aplica a barcos en viajes internacionales, tales como:

- Todos los buques de pasajeros, incluidas las naves de alta velocidad.
- Petroleros, quimiqueros, buques gaseros, graneleros y embarcaciones de carga de alta velocidad de 500 toneladas de arqueo bruto (GT) o más.
- Otros buques de carga y unidades móviles autopropulsadas de perforación en alta mar (MODU) de 500 GT o más.
- También se aplica a todos los buques europeos en viajes nacionales, conforme al Reglamento UE 336/2006.

El Código IGS no se aplica a barcos operados por gobiernos para fines no comerciales.

Inspección inicial del PSC y certificados ISM

Durante la inspección inicial del PSC, el PSCO debe verificar que el buque cuente con los certificados ISM (SMC y DOC), siguiendo estos puntos c ave:

- Debe haber una copia del DOC a bordo, aunque no necesita estar autenticada o certificada.
- El SMC no es válido si la compañía que opera el barco no tiene un DOC válido para ese tipo de buque. Además, ambos documentos deben tener las mismas características de la empresa.

- La validez de un DOC interino no debe exceder los 12 meses, y la de un SMC interino no debe superar los 6 meses, con posibles extensiones bajo circunstancias especiales.

En ciertos casos, una Administración o OR puede emitir certificados provisionales por un período máximo de 5 meses mientras se preparan los certificados completos. Las extensiones adicionales, como la del SMC, solamente se otorgan para completar un viaje hasta el puerto donde se realizará la verificación, y nunca deben exceder los 3 meses.

Deficiencias relacionadas con el IGS-ISM durante una inspección

Si durante una inspección el PSCO encuentra deficiencias técnicas u operacionales en un barco con un SMC válido (no interino), estas deben ser registradas en el informe de la inspección PSC. Las deficiencias técnicas relacionadas con el DOC y el SMC se registran con los códigos 01106 y 01107, respectivamente.

Si una deficiencia está relacionada con el ISM, debe marcarse la casilla correspondiente en el informe. Aunque el código de deficiencia ISM 15150 solo puede ser levantado una vez por inspección, un barco puede acumular varias deficiencias ISM bajo este código en diferentes inspecciones.

Requerimientos documentales para la detención del buque

Los requisitos documentales para la detención de un buque, según las guías del MoU de París sobre el Código ISM, incluyen principalmente la verificación de los documentos clave cuando las deficiencias técnicas y/o operativas, individual o colectivamente, proporcionan evidencia objetiva de una grave falla o falta de efectividad en la implementación del Código ISM.

1. **Certificado de Gestión de Seguridad (SMC):** Se deberá detener un buque si no cuenta con el SMC, el cual es fundamental. Su ausencia o invalidez es motivo de detención. También si la verificación intermedia está vencida o ha caducado y no hay una evidencia objetiva de una extensión emitida por la Administración.

   - El SMC debe emitirse a un buque por un período que no exceda los cinco años. Su validez está condicionada, como mínimo, a una verificación intermedia. Si solo se lleva a cabo una verificación intermedia y el certificado tiene validez de cinco años, esta debe realizarse entre el segundo y tercer aniversario, contados a partir de la fecha de emisión del SMC.

   - El Estado rector del puerto debe asegurarse de que el buque no opere (estas medidas pueden incluir la detención u otra acción) hasta que el SMC sea reemitido.

2. **Documentos de Cumplimiento (DOC):** Se deberá detener un buque si no cuenta con una copia del DOC, el cual siempre debe estar a bordo, o si no hay una evidencia a bordo de la verificación anual del DOC. Aunque no necesita ser autentificada, debe tener los endosos requeridos. Si el DOC ha caducado o ha sido retirado, esto puede llevar a la detención del buque. Se debe incluir el tipo de buque indicado en el DOC. Cualquier falta de validez o pruebas de verificación intermedia caducada pueden determinar la retención del buque. El nombre de la empresa, su dirección o la autoridad gubernamental emisora en el DOC han de coincidir con los del SMC.

- El Estado rector del puerto debe asegurarse de que el buque no opere (estas medidas pueden incluir la detención u otra acción) hasta que el DOC sea reemitido.

3.5 Política de seguridad de la compañía naviera

El Código IGS impone reglas para el establecimiento de una detallada estructura de gestión. La asunción de responsabilidades por normas de seguridad debe quedar claramente definida por la compañía naviera, tanto en el barco como en tierra.

De este modo, el Código debe asegurar una mayor apertura y transparencia de la organización y estructura interna, lo que se denomina *sistema transparente de gestión de la seguridad*.

Dentro de sus objetivos (párrafo 1.2.2) se establece: "2. Evaluar todos los riesgos señalados para sus buques, su personal y el medioambiente, y tomar las oportunas precauciones".

Más allá de la obligación legal establecida y de un sistema de gestión del riesgo y modelización de riesgos (*risk assessment*), detallados en el capítulo 5, el Código IGS permite a la empresa naviera definir y establecer una política propia de seguridad en la que se deben considerar los siguientes aspectos:

- **Fijación de objetivos**: cada compañía debe establecer sus propios objetivos de seguridad, así como definir la tolerancia al riesgo de la organización. La *tolerancia al riesgo* es el nivel de riesgo que la organización es capaz y está dispuesta a asumir. Cada empresa tiene su propia *cultura corporativa del riesgo*.

- **Detección e identificación de eventos**: el objetivo de la gestión del riesgo es registrar toda la gama de riesgos, incluidos aquellos ocultos o no detectados.

- **Evaluación y priorización de riesgos**: se consideran básicamente dos aspectos, la frecuencia esperada del evento y la gravedad estimada de sus consecuencias.

- **Preparación de la respuesta al riesgo**: se trata de formular respuestas para hacer frente a los riesgos identificados. Para cada uno, los gestores deben seleccionar la respuesta apropiada y desarrollar acciones para alinear el perfil de riesgo de la empresa con su cultura del riesgo.

- **Control y verificación**: las políticas y los procedimientos proporcionan un marco de actuación que contribuye a garantizar que las respuestas al riesgo se llevan a cabo con eficacia y se ejerce un control o monitorización de estas.

La información pertinente debe ser identificada, registrada y comunicada de forma precisa para que las personas afectadas puedan cumplir con sus responsabilidades.

La seguridad nunca es fortuita, siempre es el resultado de una voluntad decidida, un esfuerzo sincero, una dirección inteligente y una ejecución cuidadosa; y sin duda, siempre supone la mejor alternativa.

3.6 Integración de los sistemas de gestión náutica: relación entre el Código IGS y las normas ISO 9001, 14001, 18001 y 50001

Hay muchos aspectos comunes que permiten la interconexión teórica y práctica entre el Código IGS y las normas ISO 9001, 14001, 18001 y 50001. Cualquier combinación de estos sistemas lleva a una forma más eficiente y con criterios unitarios de gestión de la seguridad, la calidad, el medioambiente, la salud y seguridad laboral, y la gestión de la energía. Estas normas y el IGS son complementarias y se pueden integrar en un único sistema de gestión, en la medida que los trabajos preparatorios realizados para el IGS son aprovechables en su gran mayoría para la implementación de las normas y sistemas ISO. Sin embargo, conviene advertir que todas ellas tienen especificidad propia:

- El Código IGS se centra en la gestión de la seguridad operacional del buque y la prevención de la contaminación. Además, cuando ha sido aprobado, resulta obligatorio jurídicamente, a diferencia de las normas ISO, que solo son obligatorias por remisión de una norma legal.

- La serie ISO 9001 está diseñada para asegurar la calidad de los procesos.

- La norma ISO 14001 proporciona los elementos para un sistema eficaz de gestión ambiental.

- La norma OHSAS 18001 (Occupational Health and Safety Management System) establece los requisitos mínimos de las mejores prácticas en gestión de seguridad y salud en el trabajo y permite:

  - Mejorar el desempeño de la gestión de la seguridad y salud en el trabajo acreditando el cumplimiento de la legislación vigente.

  - Identificar situaciones de emergencia potenciales, determinar deficiencias en el sistema de gestión y facilitar la integración de los sistemas de gestión de la calidad, ambiental y de seguridad y salud en el trabajo.

Figura 1. Proceso de Certificación ISM e ISO para empresas y buques
(Fuente: DNV Maritime. Integrated management systems onboard ships). [1]

La norma ISO 50001 establece los requisitos que debe poseer un sistema de gestión energética, con el fin de realizar mejoras continuas y sistemáticas del rendimiento energético de las organizaciones.

En muchas ocasiones, se combinan formando un sistema de gestión integrado por buque o compañía naviera, proporcionando un sistema de gestión total. Las sociedades de clasificación han establecido guías de aplicación del proceso, tanto en relación con el buque como con la compañía naviera.

---

1   Ver en https://maritimecyprus.com/wp-content/uploads/2015/03/dnv-integrated-management-systems-onboard-ships-1.pdf

3.6.1 Nuevas normas ISO en relación con el Código IGS: ISO 30000; 27001; 30001

ISO 30000-Seguridad marítima

La norma ISO 30000 establece los requisitos y directrices para la gestión de la seguridad marítima en todo tipo de organizaciones relacionadas con la industria naval. Esta norma se aplica a empresas navieras, astilleros, operadores de terminales marítimos, empresas de servicios marítimos y cualquier otra organización involucrada en actividades marítimas.

Requisitos de la norma ISO 30000

La norma ISO 30000 establece una serie de requisitos clave para la gestión de la seguridad marítima que incluyen:

- **Política de seguridad marítima**: se debe establecer una política clara y documentada que defina los objetivos y compromisos en esta materia.

- **Planificación y gestión de riesgos**: es necesario identificar y evaluar los riesgos asociados a las actividades marítimas, así como establecer planes y procedimientos para mitigarlos.

- **Recursos y competencia**: se requiere contar con los recursos humanos y técnicos necesarios para garantizar la seguridad, y asegurar que el personal esté adecuadamente capacitado y sea competente.

- **Comunicación y documentación**: deben implementarse procesos de comunicación interna y externa para asegurar la fluidez de la información relacionada con la seguridad marítima, y mantener registros adecuados.

- **Supervisión y mejora continua**: es imprescindible establecer un sistema de control que asegure el cumplimiento de los requisitos y favorezca la toma de medidas correctivas y preventivas para mejorar continuamente su desempeño en este ámbito.

Estas normas están alineadas con el Código, lo que permite una perfecta adaptación entre ambos sistemas.

ISO 30001-Gestión del riesgo

La ISO 31000 establece un marco de referencia que tiene como objetivo ayudar a las organizaciones a integrar la gestión del riesgo en todas sus actividades y funciones principales. Para lograrlo, es necesario el respaldo y compromiso de las partes interesadas, especialmente de la alta dirección. El desarrollo del marco de referencia implica integrar, diseñar, implementar, evaluar y mejorar constantemente la gestión del riesgo en toda la organización. Volveremos sobre ello en el capítulo 5.

ISO 27001-Seguridad de la información

La certificación ISO 27001 está orientada a garantizar la confidencialidad, integridad y disponibilidad de la información en las empresas. La nueva certificación de privacidad de la información según el estándar internacional ISO/IEC 27701 es una extensión de la certificación ISO/IEC 27001 de seguridad de la información.

3.7 Los indicadores objetivos de gestión: la utilización de los KPI (Key Performance Indicator)

Los indicadores de claves de desempeño o de rendimiento, conocidos por las siglas KPI (Key Performance Indicator), sirven para medir el nivel de desempeño de un proceso. Por este motivo, el valor del indicador se debe relacionar directamente con un objetivo prefijado. Un KPI muestra cuál es el progreso o rendimiento en un aspecto concreto. Pueden diseñarse KPI para las distintas áreas de una organización: aprovisionamiento, logística, ventas, atención al cliente, etc. Así, la técnica de los KPI se ha extrapolado a la gestión naviera, y de manera particular a los diferentes ámbitos de la seguridad marítima: medioambiente, recursos humanos, seguridad operacional y en la navegación, evaluación de la protección, etc.

El indicador clave de rendimiento (KPI) se construye combinando un conjunto de indicadores de rendimiento (Performance Indicators o PI). Como el KPI es una combinación matemática de los PI, se requiere la recopilación de datos adicionales. En el modelo de la tabla 5.3 se definen varios indicadores clave de rendimiento. El KPI se expresa de dos maneras: como un valor calculado y como una calificación del KPI en una escala de 0 a 100.

Environment
HR – Crew
Safety
Security
Technical
Navigation
Operation (Cargo Related)

Tabla 2. Áreas sujetas a indicadores de rendimiento en los KPI
(Fuente www: https://green-jakobsen.com/why-kips-in-a-shipping-company).

Definición y establecimiento de KPI
KPI001: infracciones de gestión del agua de lastre
KPI002: ejecución del presupuesto
KPI003: alumnos por buque
KPI004: incidentes relacionados con la carga
KPI005: eficiencia de CO_2
KPI006: condición de clase
KPI007: derrames
KPI008: infracciones disciplinarias
KPI009: planificación tripulación
KPI010: planificación entrada en dique seco
KPI011: deficiencias ambientales
KPI012: fallo de los equipos y sistemas críticos
KPI013: fuego y explosiones
KPI014: control del Estado del puerto, deficiencias
KPI015: salud y seguridad, deficiencias
KPI016: deficiencias en recursos humanos
KPI017: frecuencia de accidentes
KPI018: frecuencia Tiempo Perdido por Enfermedad
KPI019: deficiencias de navegación
KPI020: incidentes de navegación
KPI021: eficiencia NOx
KPI022: retenciones
KPI023: oficiales factor de experiencia
KPI024: deficiencias operacionales
KPI025: relación de lesiones de pasajeros
KPI026: relación de deficiencia de control del Estado del puerto
KPI027: detención de control del Estado del puerto
KPI028: emisiones de sustancias
KPI029: deficiencias de seguridad
KPI030: eficiencia SOx
KPI031: días de formación
KPI032: disponibilidad de buques
KPI033: deficiencias de control y examen

Tabla 3. Ejemplos de definición de KPI
(Fuente: https://green-jakobsen.com/why-kips-in-a-shipping-company).

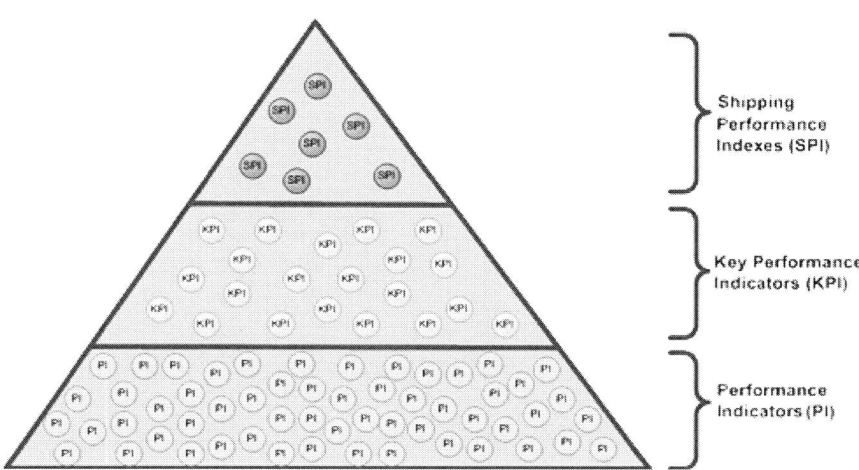

Figura 2. Pirámide de KPI
(Fuente: https://ship-pi.bimco.org/documentation/2.6/concepts).

Monitorizar los indicadores clave de rendimiento en tiempo real se conoce con carácter general como *monitorización de la actividad de negocio*. Estos indicadores son utilizados empresarialmente para valorar actividades difíciles de medir, como los beneficios de desarrollos líderes, el compromiso de los empleados, el servicio o la satisfacción del cliente, etc.

El sistema de KPI está estructurado jerárquicamente en tres niveles: (*n*) indicadores de rendimiento de la explotación (SPI), (*x*) indicadores clave de rendimiento (KPI), y (*z*) indicadores de rendimiento (PI). Existe una relación matemática entre los SPI (índices de alto nivel, calculados a partir de los KPI), y los KPI, que a su vez se obtienen a partir de los PI (indicadores de bajo nivel).

En el nivel más bajo se encuentran los PI, basados en la toma directa de datos (mediciones o contadores) procedentes del barco o de la gestión de la explotación. Estos datos se recogen una sola vez y se reutilizan dentro del sistema de KPI con el fin de evitar una acumulación excesiva de información.

El nivel de los KPI es ponderado en una escala de 0 a 100, donde 0 es un nivel inaceptable y 100 es un nivel excepcional. Esto facilitará comparar barcos de características diferentes y distintos volúmenes de datos recogidos, lo que permite contrastar el rendimiento de diversas unidades de flota y mejorar la gestión en grandes empresas navieras.

Finalmente, en el nivel más alto, los KPI se combinan para expresar el rendimiento de la explotación de áreas específicas, dando como resultado los SPI, índices de rendimiento global de la explotación.

En el ámbito concreto de la industria marítima, un problema real en la práctica son los incentivos económicos (bonus), asociados al cumplimiento de objetivos, lo que puede motivar que algunas tripulaciones estén tentadas a alterar puntualmente la veracidad de los datos.

Los KPI suelen estar vinculados a la estrategia de la organización. Pueden considerarse como "vehículos de comunicación" que permiten a la dirección transmitir la misión y visión de la empresa a todos los niveles, implicando directamente a trabajadores y colaboradores en sus objetivos estratégicos sobre los que, sin lugar a dudas, se ha de basar la seguridad marítima. Los KPI se revelan como un instrumento óptimo para evaluar el cumplimento de las políticas empresariales, en especial las relacionadas con la seguridad.

4

Las auditorías en el código IGS

4.1. Introducción

El marco jurídico que rige las auditorías ISM desempeña un papel fundamental en el derecho marítimo a la hora de garantizar la seguridad y acreditar la navegabilidad del buque. Obliga a los estados de abanderamiento a verificar y garantizar que las compañías navieras identifican, controlan y mitigan los riesgos, y cumplan los requisitos del Código IGS y del propio SGS. La función de este requisito legal es esencial, ya que aborda y reúne aspectos críticos del papel de las compañías navieras en materia de seguridad. De hecho, el SGS engloba todas las normas aplicables, por lo que emplea un enfoque panorámico para identificar y mitigar los riesgos y garantizar el cumplimiento de la seguridad a bordo.

Los mecanismos de auditoría, verificación y certificación contribuyen significativamente a garantizar la aplicación y el cumplimiento del conjunto del marco normativo. Las auditorías ISM supervisan periódicamente la aplicación por parte de las compañías navieras, así como de las tripulaciones y el correcto funcionamiento del SGS, contribuyendo con ello a la gestión y las operaciones seguras de los buques.

4.2. La auditoría en el Código IGS

El Código trata las auditorías en la regla 12 sobre *Verificación por la compañía, examen y evaluación*, y establece con toda claridad su desarrollo y principios generales de actuación:

> *12.1: La compañía debería efectuar auditorías internas a bordo y en tierra a intervalos que no excedan de 12 meses para verificar que las actividades relacionadas con la seguridad y la prevención de la contaminación se ajustan al SGS. En circunstancias excepcionales, ese intervalo podrá excederse no más de tres meses.*

La compañía debe llevar a cabo auditorías internas de seguridad para verificar que las actividades de seguridad y prevención de la contaminación cumplen con el SGS establecido y aprobado. Estas auditorías deben asegurar la eficacia del SGS y abarcar todas sus secciones de forma periódica. Aunque no hay un período establecido, la mayoría de las compañías optan por auditar cada oficina o buque anualmente.

> *12.2: La compañía debería verificar periódicamente si todos los que desempeñan tareas delegadas relacionadas con la gestión internacional de la seguridad están actuando de conformidad con las responsabilidades de la compañía en virtud del Código.*

Resulta evidente el seguimiento continuo que impone el Código a todas las personas involucradas en la gestión de seguridad del buque y de la compañía naviera.

> *12.3. La compañía debería evaluar periódicamente la eficacia del SGS con arreglo a los procedimientos que ella misma establezca.*

La compañía debe evaluar periódicamente la eficacia del SGS y, cuando sea necesario, revisarlo de acuerdo con los procedimientos establecidos. La dirección debe realizar una revisión periódica del SGS, que formará parte de la estrategia de gestión de la seguridad y se llevará a cabo según procedimientos documentados. Las actas de estas reuniones deben registrarse, y las acciones correctivas, asignarse a los miembros apropiados del equipo de dirección para asegurar su seguimiento y mejora.

> *12.4. Para efectuar las auditorías y poner en práctica las posibles medidas, se deberían aplicar los procedimientos previstos en la documentación.*

Las auditorías y las posibles acciones correctoras se llevarán a cabo de acuerdo con los procedimientos establecidos. Los procedimientos e instrucciones para efectuar las auditorías deben incorporarse el SGS. Las auditorías deben realizarse de acuerdo con estos procedimientos. Las listas de comprobación son útiles como ayuda para el auditor y pueden utilizarse según convenga. Los resultados de las auditorías y revisiones se darán a conocer a todo el personal implicado en alguna función, sea cual sea su esfera de actividad.

El personal de gestión encargado de la esfera de actividad de que se trate adoptará sin demora las medidas oportunas para subsanar las deficiencias observadas.

> *12.5. El personal que lleve a cabo las auditorías debería ser ajeno, en cada caso, a la esfera de actividad concreta objeto de examen, salvo que, por las dimensiones y demás características de la compañía, ello resulte inviable.*

El personal que lleve a cabo las auditorías debe ser independiente de las áreas auditadas, a menos que sea impracticable debido al tamaño y la naturaleza de la empresa. Los auditores internos deben ser independientes de la operación auditada, aunque no siempre es factible en empresas pequeñas con recursos de gestión limitados. Siempre que sea posible, el auditor no debe participar en el trabajo del área que se está evaluando. El personal que lleve a cabo las auditorías internas debe haber recibido la formación adecuada. Como se ha señalado, hay un problema de carencia de formación específica en el Código, por parte de muchos auditores.

> *12.6. Los resultados de las auditorías y revisiones se deberían dar a conocer a todo el personal que ejerza alguna función en la esfera de actividad de que se trate.*

Los resultados de las auditorías y revisiones deben ponerse en conocimiento de todo el personal con responsabilidad en el área en cuestión.

> *12.7. El personal de gestión encargado de la esfera de actividad de que se trate debería adoptar sin demora las medidas oportunas para subsanar las deficiencias observadas.*

El personal directivo responsable del área implicada deberá adoptar a tiempo medidas correctoras de las deficiencias detectadas. Con el fin de mejorar el SGS, es importante que los resultados de las auditorías y revisiones internas de la empresa se comuniquen a todas las personas con responsabilidad en el SGS. Deben registrarse los resultados, las conclusiones y las recomendaciones. Las personas responsables del área correspondiente deben adoptar las medidas correctoras oportunas.

4.3. Concepto de *auditoría*

Una auditoría IGS/ISM es una evaluación sistemática y documentada del sistema de gestión de la seguridad de una empresa naviera. Realizada por un auditor externo cualificado, su objetivo es verificar la conformidad del sistema con los requisitos del Código IGS, las normas de la OMI y la normativa aplicable. Además, incluye el análisis de riesgos potenciales y la revisión de los planes de contingencia y medidas de protección correspondientes.

La auditoría ISM no se debe limitar a un mero control documental. Los auditores deben investigar la realidad operativa de la empresa, observando la aplicación del sistema de gestión de la seguridad en el día a día. Se examinan aspectos como la estructura organizativa, las políticas de seguridad, los procedimientos operativos, la formación del personal, la gestión de riesgos, los registros de accidentes y las medidas correctivas implementadas.

4.4. Aspectos destacables del proceso de auditoría

La realización de una auditoría IGS/ISM aporta numerosas ventajas a las empresas navieras, entre las que destacan:

- **Incremento de la seguridad marítima**: contribuye objetivamente a reducir el riesgo de accidentes y eventos adversos, mejorando la seguridad de la tripulación, los pasajeros y el medioambiente.

- **Elevación del nivel de calidad en la gestión de riesgos:** facilita la identificación y evaluación sistemática de los riesgos, permitiendo implementar medidas preventivas y minimizar su impacto.

- **Cumplimiento normativo (Convenio IGS y art. 103 LNM):** garantiza que la empresa naviera cumple con los requisitos legales y reglamentarios establecidos por la OMI.

- **Mejora reputacional:** actúa como un sello de calidad que potencia la imagen de la empresa y la confianza de los clientes.

- **Reducción de costes:** permite identificar áreas de mejora en la gestión de la seguridad, lo que puede incidir en una disminución de costes derivados de accidentes e incidentes.

- **Mayor eficiencia operativa:** contribuye a optimizar los procesos y operaciones a bordo de los buques, mejorando la productividad y la rentabilidad. El cumplimiento del SGS incorpora principios de mejora continua.

4.5. Clases de auditoría

4.5.1. Auditoría interna

Las auditorías internas generalmente son realizadas por personal de la propia empresa naviera. Su objetivo es evaluar la efectividad del SGS e identificar áreas de mejora. Las auditorías internas deben efectuarse con regularidad para garantizar que el SGS se mantiene actualizado y efectivo.

4.5.2. Auditoría externa

Las auditorías externas son realizadas por auditores independientes y acreditados. Su objetivo es verificar la conformidad del SGS con los requisitos del Código IGS/ISM. Las auditorías externas son obligatorias para todas las empresas navieras y deben llevarse a cabo con la frecuencia determinada por las autoridades marítimas. Suelen ser realizadas por las sociedades de clasificación u OR (Organizaciones Reconocidas).

4.6. Tipos de auditoría

- **Auditoría inicial:** tiene como objetivo verificar la conformidad del sistema de gestión de la seguridad con el Código IGS antes de la certificación.

- **Auditoría de vigilancia:** se lleva a cabo periódicamente para comprobar que el sistema sigue conforme al Código y se siguen implementando las medidas correctivas necesarias.

- **Auditoría de renovación:** se efectúa al final del período de validez de la certificación IGS para renovar su certificación.

- **Auditoría de cambio:** se aplica cuando la empresa naviera implementa cambios significativos en su sistema de gestión de la seguridad.

- **Auditoría de incidente:** se realiza después de un incidente o accidente para identificar las causas y establecer las accione correctivas necesarias.

4.7. Perfil profesional y académico del auditor

Los criterios para la verificación del cumplimiento de los requisitos del Código IGS se ajustarán a las prescripciones de la Resolución A.913 (22) de la OMI *Directrices revisadas para la implantación del Código IGS por las Administraciones* y la Resolución A.741 (18) de la OMI *Código internacional de gestión de la seguridad (Código IGS)*, enmendada por el MSC. 104 (73).

El auditor del Código que participe en la verificación del cumplimiento de los requisitos del Código ISM debe cumplir con un estándar mínimo de educación que comprenda lo siguiente:

- Titulación otorgada por una institución superior reconocida por la Administración o por una Organización Reconocida en un campo relevante de ingeniería o las ciencias; o

- Título de una universidad marítima y experiencia relevante en alta mar como oficial de buque certificado, con un mínimo cinco (5) años de experiencia en alta mar.

Además, se requiere al menos cinco (5) años de experiencia en áreas relacionadas con los aspectos técnicos u operativos de la gestión de la seguridad, tales como:

- Clasificación del buque o inspecciones reglamentarias;

- Experiencia como oficial de guardia certificado;

- Experiencia como superintendente o gerente de barco.

El personal que realice la verificación del Código ISM deberá haber recibido capacitación para garantizar la competencia y las habilidades adecuadas, en particular con respecto a:

- Conocimiento y comprensión del Código IGS-ISM;
- Normas y reglamentos obligatorios.

Los términos de referencia que el Código IGS exige que las empresas tengan en cuenta incluyen:

- Técnicas de evaluación de examinar, interrogar, evaluar e informar;
- Aspectos técnicos u operativos de la gestión de la seguridad;
- Conocimientos básicos de operaciones de transporte marítimo y a bordo;
- Participación en al menos una (1) auditoría del sistema de gestión relacionado con el medio marino;
- La competencia adquirida a través de la asistencia al curso ISM-Code debe demostrarse mediante exámenes escritos u orales u otros medios aceptables, que permitan su verificación.

El personal que vaya a realizar verificaciones iniciales o de renovación de un Documento de Cumplimiento (DOC) o un Certificado de Gestión de Seguridad (SMC) debe poseer la competencia para:

- Verificar si los elementos del Sistema de Gestión de la Seguridad se ajustan o no a los requisitos del Código IGS/ISM;
- Determinar la eficacia del Sistema de Gestión de Seguridad de la compañía o del buque para asegurar el cumplimiento de las normas y reglamentos reflejados en los registros de las inspecciones reglamentarias y de clasificación;
- Evaluar la eficacia del sistema para garantizar el cumplimiento de otras normas y reglamentos no cubiertos por dichas inspecciones, así como permitir la verificación de este cumplimiento;
- Analizar si se han tenido en cuenta las prácticas seguras recomendadas por la organización, las administraciones, las sociedades de clasificación y las organizaciones de la industria marítima.

El personal encargado de llevar a cabo la verificación inicial o su renovación deberá contar con al menos cinco (5) años de experiencia en áreas relacionadas con los aspectos técnicos u operativos de la gestión de la seguridad, así como haber participado en un mínimo de tres (3) verificaciones iniciales o de renovación. La participación en verificaciones relativas a otras normas de gestión podrá considerarse equivalente.

Quienes realicen verificaciones anuales, intermedias y provisionales deberán cumplir con los requisitos básicos exigidos al equipo de verificación y haber participado en un mínimo de dos (2) verificaciones anuales, de renovación o iniciales. Además, deberán haber recibido la formación específica necesaria para garantizar su competencia en la evaluación de la eficacia del sistema de gestión de seguridad de la empresa.

La actualización continua es necesaria según lo dicten las circunstancias en el conocimiento, comprensión e interpretación del Código IGS. Esta actualización puede realizarse mediante capacitación interna, cursos adicionales o de actualización, sistemas de aprendizaje a distancia a través de internet u otros métodos reconocidos adecuados.

4.8. Directrices OMI revisadas para la implantación del Código IGS por las administraciones

La OMI reconoció la necesidad de que el Código IGS se implantase de manera uniforme, por lo que la Asamblea adoptó en 1995 las *Directrices para la implantación del Código internacional de gestión de la seguridad (Código IGS) por las administraciones* (resolución A.788(19)).

Estas directrices establecen los principios básicos para verificar que el Sistema de Gestión de la Seguridad (SGS) de una compañía responsable de la explotación de buques, o el SGS del buque o buques controlados por la compañía, cumple las disposiciones del Código IGS, así como para la expedición y la verificación periódica del Documento de Cumplimiento (DOC) y el Certificado de Gestión de la Seguridad (CGS). Estas directrices son aplicables a las administraciones.

La última versión de las directrices de la OMI proporciona una guía detallada sobre los procedimientos y prácticas necesarios para llevar a cabo auditorías que verifiquen el cumplimiento del Código. Incluyen tanto la preparación como la ejecución de las auditorías, y ofrecen un marco para que las administraciones aseguren que se están cumpliendo los requisitos establecidos.

El apéndice de las directrices es clave, ya que define las normas que regulan la certificación bajo el Código IGS. En particular, establece las competencias e independencia que deben reunir las organizaciones auditoras. Se exige que las entidades encargadas de realizar las verificaciones tengan el conocimiento y la experiencia necesario para llevar a cabo esta función. Además, se debe garantizar la independencia entre los equipos que participan en la auditoría y los que ofrecen servicios de consultoría, a fin de evitar conflictos de interés.

En cuanto al equipo auditor, las directrices especifican que el personal debe contar con al menos cinco años de experiencia en áreas técnicas u operativas relacionadas con la gestión de la seguridad. Asimismo, quienes realicen auditorías

ISM tienen que haber completado al menos cuatro auditorías bajo la supervisión de auditores expertos.

La OMI pone especial énfasis en la idoneidad tanto de las organizaciones auditoras como de los auditores, destacando la necesidad de la experiencia y la neutralidad. Las organizaciones encargadas de las auditorías están obligadas a implantar un sistema que garantice estos requisitos y un proceso de certificación estandarizado.

Es responsabilidad de la administración verificar el cumplimiento del Código IGS y expedir los certificados correspondientes (DOC y SMC). Sin embargo, las administraciones pueden autorizar a organizaciones reconocidas (OR) para que realicen estas verificaciones en su nombre, según lo dispuesto en la regla 6 del capítulo I del Convenio SOLAS. Este marco jurídico para delegar en las OR no solo se aplica al Código IGS, sino que también se aplica a otros instrumentos de la OMI, como el MARPOL, el Convenio de Líneas de Carga, el Convenio de Arqueo, entre otros.

4.8.1. Enmiendas a las directrices

Las Directrices revisadas fueron adoptadas mediante la resolución A.913(22) en 2001, y posteriormente por la resolución A.1022(26), adoptada en 2009; la resolución A.1071(28), en 2013; y, por último, las *Directrices revisadas* adoptadas mediante la resolución A.1118(30), el 6 de diciembre de 2017.

4.8.2. Otras disposiciones

- *Directrices revisadas para la implantación operacional del Código internacional de gestión de la seguridad (Código IGS) por las compañías* (MSC-MEPC.7/Circ.8).

- *Orientaciones sobre las cualificaciones, formación y experiencia necesarias de las personas designadas según lo dispuesto en el Código IGS.* (MSC-FAL.7/Circ.6).

- *Orientaciones sobre la notificación de cuasi accidentes (MSC-MEPC.7/Circ.7); Directrices sobre la gestión de los riesgos cibernéticos marítimos* (MSC-FAL.7/Circ.3).

- *Gestión de los riesgos cibernéticos marítimos en los sistemas de gestión de la seguridad* (resolución MSC.428(98).

Referencias legales – Derecho español (auditorías):

Real Decreto 1837/2000, de 10 de noviembre, por el que se aprueba el Reglamento de inspección y certificación de buques civiles.

Enmiendas de 2013 al *Código Internacional de Gestión de la Seguridad Operacional del Buque y la Prevención de la Contaminación* (*Código internacional de gestión de la seguridad* (Código IGS)), adoptadas en Londres el 21 de junio de 2013 mediante resolución MSC.353(92).

Reglamento (CE) n.º 336/2006 del Parlamento Europeo y del Consejo, de 15 de febrero de 2006, sobre la aplicación en la Comunidad del *Código internacional de gestión de la seguridad* y por el que se deroga el Reglamento (CE) n.º 3051/95 del Consejo.

Enmiendas de 2005 al *Código internacional de gestión de la seguridad operacional del buque y la prevención de la contaminación (Código IGS)*, publicadas en el *Boletín Oficial del Estado* n.º 122, de 22 de mayo de 1998, y adoptadas el 20 de mayo de 2005, mediante Resolución MSC 195 (80).

Enmiendas de 2004 al *Código Internacional de gestión de la seguridad operacional del buque y la prevención de la contaminación (Código IGS)*, publicadas en el *Boletín Oficial del Estado* n.º 122, de 22 de mayo de 1998, y aprobadas el 10 de diciembre de 2004, mediante resolución MSC 179(79).

Código internacional de gestión de la seguridad operacional del buque y la prevención de la contaminación (Código internacional de gestión de la seguridad – IGS), adoptado mediante la resolución A. 741(18), el 4 de noviembre de 1993, por la Conferencia de los Gobiernos Contratantes del *Convenio Internacional para la Seguridad de la Vida Humana en el Mar* de 1974.

4.9. El Código IGS y las auditorías en la UE

La UE aplica el Código IGS mediante el Reglamento (CE) n.º 336/2006, sobre la aplicación del Código IGS en la UE.[1] Cabe insistir en que este reglamento endurece los requisitos de varias maneras, por ejemplo, haciéndolos aplicables a los buques en viajes nacionales. Además, las normas de competencia e independencia de las organizaciones de auditoría, así como las de competencia del personal de los equipos de auditoría, mencionadas en las directrices no obligatorias de la OMI, también se han hecho obligatorias en la UE. Por lo tanto, en este contexto, la normativa de la UE tiene una influencia adicional limitada sobre las normas del mecanismo de auditoría o sobre su calidad.[2]

Conviene tener presente que, con posterioridad al Reglamento 2006, han entrado en vigor las enmiendas de 2013 al *Código internacional de gestión de la seguridad*

---

1   Reglamento (CE) n.º 336/2006 del Parlamento Europeo y del Consejo de 15 de febrero de 2006, sobre la aplicación en la Comunidad del *Código internacional de gestión de la seguridad* y por el que se deroga el reglamento (CE) n.º 3051/95 del Consejo.

2   Ver BOE de 28 mayo 2015, entrada en vigor en España de las enmiendas 1 enero 2015.

operacional del buque y la prevención de la contaminación, adoptadas en Londres el 21 de junio de 2013 mediante la Resolución MSC.353(92).

En ellas se modifica expresamente al art. 12:

> **Verificación por la compañía, examen y evaluación**
>
> 2. *A continuación del párrafo 12.1 actual se incluye el siguiente nuevo párrafo 12.2, y se modifica en consecuencia la numeración de los actuales párrafos 12.2 a 12.6, que pasan a ser 12.3 a 12.7:*
>
> *"12.2 La compañía debería verificar periódicamente si todos los que desempeñan tareas delegadas relacionadas con la gestión internacional de la seguridad están actuando de conformidad con las responsabilidades de la compañía en virtud del Código."*

4.9.1. La delegación de los estados de abanderamiento en las OR (Class)

La autorización a las Organizaciones Reconocidas (OR) en el contexto de la OMI se ha abordado mediante un procedimiento centrado en los aspectos técnicos. Esto ha limitado el desarrollo de un marco normativo que permita implementar un control global bajo la supervisión directa de los Estados de abanderamiento para asegurar el cumplimiento de la normativa IGS. Además, no se han establecido criterios ni procesos diferenciados para la supervisión integrada de las tareas delegadas a las OR, lo que impide una adaptación específica al trabajo del IGS. Esta situación puede estar relacionada con la falta de recursos y conocimientos en las administraciones, que a menudo delegan a las OR importantes funciones técnicas y operativas, como el mantenimiento de registros de buques. Como resultado, el enfoque que debería caracterizar el marco IGS puede estar ausente en los mecanismos de cumplimiento y verificación.[3]

4.9.2. Los potenciales conflictos de intereses

El conflicto de interés se presenta cuando una sociedad de clasificación (OR) es contratada por el armador para realizar inspecciones y certificaciones del buque, lo que supone un contrato privado de prestación de servicios. Sin embargo, como las OR actúan en nombre de los Estados de abanderamiento para realizar las inspecciones estatutarias, operan bajo una delegación de funciones públicas a una empresa privada. Este doble rol puede conllevar un potencial conflicto de interés.

---

3   Ver sobre el particular: SHARMA-SIMONSEN (2023) *Ensuring the Quality of ISM Audits – The Role and Adequacy of the Legal Framework of Auditing*; *Rev.* Marine Safety and security law, nº 12. Disponible en: https://www.marsafelawjournal.org/contributions/ensuring-the-quality-of-ism-audits-the-role-and-adequacy-of-the-legal-framework-of-auditing/

La OMI ha tratado este problema estableciendo directrices en el Código IGS relacionadas con el trabajo y la independencia de las OR, que exigen que el personal que presta servicios de consultoría y el de certificación sean independientes entre sí. Además, el Código de la OMI prohíbe que el personal involucrado en la certificación tenga vínculos con el diseño, fabricación, compra, mantenimiento o propiedad de los elementos sujetos a la auditoría.

Este principio presenta analogías con la auditoría financiera, donde se evita que las firmas de auditoría presten servicios adicionales al mismo cliente para preservar su independencia. La Directiva Europea sobre auditoría financiera destaca esta separación como un elemento clave para evitar comprometer la imparcialidad y ética del auditor.

4.10. Garantía de calidad por parte de las administraciones

El análisis de los datos del Sistema Global de Información Integrada sobre Transporte Marítimo (GISIS) de la OMI revela cómo los Estados de abanderamiento delegan la verificación de las normas de gestión de la seguridad (IGS) a las OR. Países con flotas mercantes grandes, como Panamá y Bahamas, delegan estas auditorías a numerosas OR, mientras que otros, como Polonia y el Reino Unido, no autorizan a ninguna OR para auditorías IGS. Algunos países, como Dinamarca y Noruega, excluyen los buques de pasaje de las auditorías que pueden realizar las OR.

La delegación varía según el país, y algunos como Japón limitan la participación de ciertas OR solo a determinadas tareas. Sin embargo, no existen estudios que demuestren si estas variaciones afectan la calidad o la seguridad de las auditorías. La falta de capacidad técnica en algunos estados y la experiencia de las OR justifican en parte la delegación. Aun así, la exención de los buques de pasaje de las auditorías de las OR implica una mayor confianza en las administraciones públicas para realizar dicha tarea.

También cabe mencionar que países con una gran tradición marítima no permiten esa delegación a las OR en relación con el Código IGS. En igual sentido, la exclusión de ciertos buques (como los de pasajeros) sugiere una confianza implícita de los estados en su mejor capacidad e independencia para garantizar una mayor seguridad.

4.11. La digitalización en las auditorías

Aunque la intención del legislador al promulgar el Código IGS en términos amplios para fomentar su aplicación generalizada era adecuada cuando se introdujo, los recientes avances en la tecnología y el proceso de auditoría han puesto de relieve los retos de este marco legal basado en objetivos y prácticas poco definidas.

La introducción de auditorías a distancia debido a la pandemia de COVID-19 se ha convertido progresivamente en la regla general, debido a la simplicidad en los procedimientos y consideraciones económicas. La digitalización de los registros y procesos también ha facilitado a los auditores la preparación y planificación eficaz de las auditorías. De este modo, pueden centrarse en utilizar su tiempo de forma eficaz en las áreas críticas que deben abordarse. Sin embargo, la diferencia en la calidad de las auditorías realizadas a distancia en comparación con las que se llevan a cabo de forma presencial es evidente.

La OMI ha reconocido que las auditorías a distancia no están previstas en el Código IGS ni en las directrices. Por ello, ha acordado "elaborar orientaciones sobre las evaluaciones y aplicaciones de los reconocimientos a distancia, las auditorías del Código IGS y las verificaciones del Código PBIP". La UE ha propuesto alcanzar el mismo nivel de garantía y equivalencia en comparación con las auditorías presenciales. En el caso de las auditorías IGS, la UE ha recomendado un enfoque híbrido que utilice métodos de auditoría a distancia para actividades específicas del SGS en concierto con auditorías periódicas a bordo de los buques, en lugar del uso exclusivo de la auditoría a distancia.

El Subcomité de Implementación de Instrumentos Jurídicos de la OMI, en su 10.ª sesión (III, 10), celebrada del 22 al 26 de julio de 2024, continuó su trabajo de elaboración de directrices sobre la aplicación de reconocimientos y auditorías a distancia del Código Internacional de Gestión de la Seguridad (CIGS) en circunstancias ordinarias.[4] Las orientaciones sobre reconocimientos se incluirán en el marco del Sistema armonizado de reconocimiento y certificación (SAC), mientras que las orientaciones sobre auditorías a distancia del Código IGS se incluirán en las directrices para las administraciones sobre la aplicación del Código IGS.

Los acuerdos determinan que las auditorías provisionales, iniciales, de renovación y adicionales de las empresas en virtud del Código IGS se deben realizar presencialmente, excepto las auditorías provisionales cuando se va a añadir un nuevo tipo de buque a un DOC existente. El proyecto de orientación propone abrir la posibilidad de realizar auditorías anuales de forma remota no presencial.

Las verificaciones de la protección internacional de los buques y las instalaciones portuarias (PBIP) deben realizarse en persona debido a la naturaleza sensible de los datos. Por lo tanto, las verificaciones de la protección internacional de los buques y las instalaciones portuarias (PBIP) solo pueden realizarse en circunstancias extraordinarias.

---

4   Ver: https://www.imo.org/en/MediaCentre/MeetingSummaries/Pages/III-10th-session.aspx.

4.12. Conclusión

El examen de las características más destacadas del marco jurídico y de la realidad operativa desde la implementación del Código en esto años revela que, aunque el objetivo general era un enfoque panorámico de los riesgos y la seguridad marítima, centrado en los factores organizativos y humanos y en las responsabilidades de las empresas, el diseño del marco y la forma en que se ha aplicado pueden no ser óptimos ni plenamente adecuados, parte de estas disfunciones ya han sido comentadas. Sin embargo, procede hacer unos comentarios generales sobre la cuestión y propuestas de mejora.

En primer lugar, el IGS se ha considerado y aplicado del mismo modo que otras normas técnicas de la OMI. En otros campos (transporte aéreo, ferrocarriles) se prevé un enfoque sistémico, así como un papel notoriamente más amplio y exhaustivo de los estados, con principios de gestión de la seguridad aplicados a todas las partes del sistema y no solo a las compañías operadoras.

También se constata que el régimen de autorización o delegación de las labores reglamentarias de verificación y certificación a las OR, en su calidad de entidades privadas, es exclusivo del ámbito marítimo. Esto se debe al papel que han ejercido las sociedades de clasificación en la industria marítima y a su tradición. Aunque la delegación a las OR permite a los estados de abanderamiento utilizar la experiencia existente en el sector privado, conlleva retos inherentes con respecto a las consideraciones de calidad, el control gubernamental y los posibles conflictos de interés.

A la vista del análisis del marco normativo de la gestión de la seguridad marítima y su comparación con otros ámbitos, los siguientes aspectos del marco jurídico aplicable podrían mejorar la calidad general de las auditorías IGS:

a) Reconocer el Código IGS como la auténtica clave de bóveda de la seguridad marítima, en la medida en que integra todos los factores críticos que la afectan, como el cumplimiento normativo y el factor humano, entre otros. En este contexto, las auditorías desempeñan un papel esencial en la implementación y el correcto funcionamiento del SGS.

b) Incluir de un enfoque global en la gestión de la seguridad, comprometiéndose, en mayor medida, a que todas las partes interesadas tengan un impacto directo en la seguridad dentro de sus respectivos ámbitos (astilleros, universidades, aseguradoras, etc.), sin centrarse exclusivamente en las compañías navieras y operadores. La aplicación del Código IGS no puede depender exclusivamente de las empresas navieras.

c) Reforzar la formación y las garantías de independencia de los auditores. Conviene tener presente que estos deben pronunciarse sobre las evaluaciones de riesgo (Rª 1.2.2., HAZID-HAZOP) que veremos en el capítulo 5, y su adecuación a los Planes de Emergencia (R. 8ª) y otros aspectos críticos de la seguridad marítima (informes R. 9ª, operaciones R. 7ª, etc.). Suponiendo un perfil técnico senior, no siempre se cuenta con conocimientos y experiencia en análisis de riesgos y técnicas matemáticas; por otra parte, las regulaciones en seguridad (*safety regulations*) son cada vez más complejas y se adentran progresivamente en la ingeniería de sistemas.

d) Implantar responsabilidades más directas para los Estados de abanderamiento en la realización de auditorías, o al menos limitar los tipos de buques a auditar por las OR. Resulta muy llamativos los precedentes del Reino Unido, Polonia, Noruega o Dinamarca.

e) Establecer mecanismos estatutarios de supervisión interna y externa más estrictos que los actuales para todas las organizaciones auditoras, incluidos los propios Estados de abanderamiento.

f) Crear un sistema legal de evaluación periódica para que los Estados de abanderamiento supervisen la calidad y eficacia de las auditorías IGS.

5

La evaluación del riesgo en el código IGS

5.1   Introducción

La evaluación formal de la seguridad (*Formal Safety Assesment*) es un nuevo enfoque de la seguridad marítima que implica el uso de técnicas de evaluación de riesgos y coste-beneficio para ayudar en el proceso de toma de decisiones.

Existe una diferencia significativa entre el enfoque de caso de seguridad (*Safety Case Approach,*SCA) y la evaluación formal de la seguridad (EFS/FSA). El enfoque del caso de seguridad se aplica a un buque en particular, mientras que la evaluación formal de la seguridad está diseñada para abordar cuestiones comunes a un tipo determinado de buque (por ejemplo, un buque de pasajeros de alta velocidad). Ambos enfoques se tratan en el presente capítulo.

Los criterios de riesgo son normas que representan una visión, generalmente la de un regulador, de cuánto riesgo es aceptable/tolerable (*Health and Safety Executive*, HSE, 1995). En el proceso de toma de decisiones, se pueden utilizar criterios para determinar si los riesgos son aceptables, inaceptables o deben reducirse a un nivel ALARP. [1] Cuando se realiza una evaluación cuantitativa de riesgos (QRA), se requieren criterios de riesgo numéricos.

---

[1] ALARP, acrónimo del inglés *As Low As Reasonably Practicable,* (en español, "tan bajo como sea razonablemente factible"), es un término común en la normativa internacional en el campo de la seguridad, y en particular, en la seguridad de sistemas críticos. El principio ALARP establece que el riesgo residual debe ser tan bajo como sea razonablemente factible. Para que un riesgo sea considerado ALARP, debe ser posible acreditar que el coste de continuar reduciendo ese riesgo es desproporcionado en comparación con el beneficio que se obtendría.

5.2   Evaluación de riesgos y el Código IGS

En el CSM 85, la OMI adoptó una serie de enmiendas al Código IGS, que entraron en vigor el 1 de julio de 2010 (Enmiendas de 2008). Entre estos cambios, figura una revisión de la cláusula 1.2.2.2 que introduce, por primera vez, un requisito formal para que las empresas evalúen los riesgos para los buques, el personal y el medioambiente derivados de sus operaciones a bordo.

A modo de recordatorio y en atención a su importancia, se vuelve a citar:

> *1.2.2.2: Evaluar todos los riesgos señalados para sus buques, su personal y el medio   ambiente, y tomar las oportunas precauciones.*

Tras un debate en el grupo de expertos ISM/ISPS de la IACS, los miembros acordaron las siguientes orientaciones, que se deben tener en cuenta en la interpretación de la cláusula 1.2.2.2 del Código IGS, que se resumen a continuación por su carácter enormemente ilustrativo:[2]

Consideraciones generales:

1. La enmienda aclara lo que ya estaba implícito en el Código. La opinión de la IACS siempre ha sido que no es posible cumplir con muchas de las disposiciones del Código sin llevar a cabo algún tipo de evaluación de riesgos, a pesar de que, antes de la introducción de la enmienda, no existía ningún requisito específico para hacerlo. Los procedimientos documentados que sustentan un sistema de gestión son, esencialmente, los controles que deben aplicarse a los riesgos inherentes a las operaciones y actividades de la empresa. La empresa no puede establecer cuáles deben ser dichos controles sin primero identificar los peligros asociados a cada operación y luego evaluar posteriormente los riesgos correspondientes.

2. La enmienda refuerza considerablemente el Código al establecer una base adecuada para los procedimientos de una compañía y brindar una oportunidad para fomentar que las empresas adopten enfoques más informados y responsables en la evaluación del riesgo operativo.

3. La exigencia específica de llevar a cabo evaluaciones de riesgos no debe interpretarse en el sentido de que las empresas deben emplear una metodología única y formal de evaluación. Pueden adoptar varios enfoques diferentes, desde evaluaciones cuantitativas más detalladas a evaluaciones cualitativas menos formales, basadas en ejercicios teóricos o en la observación directa de las actividades en cuestión, en función de la naturaleza y la complejidad de sus operaciones. En el caso de una actividad sencilla y directa, una evaluación realizada in situ por un supervisor con niveles

---

2   Ver noticia (2012): https://officerofthewatch.com/2012/07/07/iacs-risk-assessment/

adecuados de autoridad y experiencia puede ser suficiente, siempre que se disponga de pruebas que demuestren cómo y cuándo se llevó a cabo.

4. El grado de participación y responsabilidad de las personas a bordo y en tierra en la realización de las evaluaciones de riesgos dependerá de la forma en que se distribuyan las responsabilidades, las autoridades y las competencias de sus respectivas organizaciones. Incluso empresas que realizan operaciones similares y tienen estructuras organizativas parecidas pueden decidir utilizar métodos diferentes de evaluación de riesgos.

5. Independientemente de cómo opten por llevar a cabo sus evaluaciones de riesgos, las empresas deben asegurar que pueden demostrar que han llevado a cabo un examen sistemático de sus operaciones, que han identificado los puntos deficientes y que han desarrollado e implementado los controles adecuados. Cuando corresponda, una empresa puede decidir basarse en las orientaciones genéricas del sector.

6. Las empresas deben asegurarse de que sus políticas relativas a la evaluación de riesgos estén documentadas; que las responsabilidades y autoridades vinculadas estén claramente definidas; que se haya proporcionado formación y orientación adecuadas a cada miembro del personal, según el grado y nivel de su participación en el proceso de evaluación de riesgos; que existan procedimientos e instrucciones para los métodos de evaluación elegidos, y que se mantengan registros de las evaluaciones de riesgos realizadas.

7. Los registros pueden adoptar muchas formas: actas de reuniones, notas de observación, registros de peligros, matrices de riesgos, etc.

Todas estas reflexiones culminaron en el año 2012 con la publicación, por la IACS, de una guía específica para el análisis de riesgos: *Guide to Risk Assessment in Ship Operations*.[3, 4]

Como conclusión, podemos afirmar que el Código IGS no establece un sistema único de evaluación de riesgos, pero sí que exista uno acreditable y objetivable para cumplir con el art. 1.2.2.2. del Código.

---

3   Puede verse la edición actual de la *Guía* 2021, disponible en: https://iacs.org.uk/resolutions/recommendations/121-140/rec-127-rev1-cln.

4   La atención sobre la cuestión se mantiene en la actualidad. Ver sobre el particular: ABS (American Bureau of Shippping), *Guidance on the Revised ISM Code Clause 1.2.2.2*, 2010. ABS, *Guidance Notes on Risk Assessment Applications for the Marine and Offshore Industries*, 2020. Conviene recordar las ISO 31000:2018 *Risk management-Guidelines*, ya comentadas en el presente estudio.

En este contexto, la metodología más utilizada por las compañías navieras es la Evaluación Formal de Seguridad (*Formal Safety Assessment*), también presente en otros campos vinculados a la ingeniería de la seguridad, y que además es el instrumento de la propia OMI para la evaluación de su normativa reguladora, lo que asegura su conocimiento y difusión generalizada.[5,6]

De manera muy reciente, la MCA UK (2024) ha incorporado la gestión de riesgos en el Código de prácticas seguras de trabajo para marinos (*Code of Safe Working Practices for Merchant Seafarers*).[7]

5.3   La Evaluación Formal de Seguridad (EFS/FSA)

Desarrollada originalmente en respuesta al desastre de la *Piper Alpha* en 1988 (plataforma petrolífera que explotó en el mar del Norte y causó la muerte de 167 personas), y a partir del informe de Lord Carver presentado en el Parlamento, la MCA propuso a la OMI una aproximación más científica a la investigación de los accidentes marítimos. Fruto de ello, fue la resolución MSC 62, que dio lugar a la primera guía provisional de 1997 y, tras un período de evaluación, a las actuales guías de 5 de abril de 2002 y las ediciones sucesivas, en el proceso de creación de nuevas normas de la OMI. Se partía de una perspectiva previa al siniestro y con una mentalidad proactiva en la gestión de la seguridad marítima.[8, 9] Tal planteamiento supuso una nueva cultura de la seguridad marítima: se colocaba *ex ante* el siniestro y no *ex post*.

---

5   Los Clubs de P&I prestan una especial atención a la gestión de riesgos, ver todos: BRITANNIA (2024): *Understanding Effective Risk Assessment In Marine Transportation.* Disponible en https://britanniapandi.com/2024/08/understanding-effective-risk-assessment/

6   Desde la perspectiva doctrinal: S. GHOSH AND W. DASZUTA, "Failure of risk assessment on ships: factors affecting seafarer practices", Australian Journal of Maritime & Ocean Affairs, vol. 11, n. 3, p. 185-198, 2019; M. MOUSAVI, I. GHAZI AND B. OMARAEE, "Risk Assessment in the Maritime Industry", Engineering, Technology & Applied Science Research, 2017.

7   Disponible en: https://www.gov.uk/government/publications/code-of-safe-working-practices-for-merchant-seafarers-coswp-2024. El Código de prácticas laborales seguras para marinos mercantes ("el Código") es un manual de buenas prácticas de carácter oficial sobre salud y seguridad a bordo de los buques, y cuenta con el respaldo del Comité Nacional de Seguridad y Salud Laboral Marítima (NMOHSC). La edición actual del Código debe llevarse a bordo de todos los buques del Reino Unido, excepto los pesqueros y las embarcaciones de recreo. El Código explica el marco normativo de la salud y la seguridad a bordo de los buques, la gestión de la seguridad y las obligaciones legales subyacentes a las recomendaciones y ofrece información práctica sobre seguridad laboral.

8   Después de una guía provisional de 1997, se aprobó la guía actual: *Guidelines for formal safety assessment for use in the IMO Rule-Making Process* (MSC 1023 y MEPC Circular 392, de 5 de abril de 2002). (MSC Circular 1023 and MEPC Circular 392, 5 de abril de 2002). Dicha guía fue enmendada parcialmente en 2005: MSC/Circular1180-MEPC/Circular474, y en el año 2006: MSC-MEPC.2/Circular5, y 2013. La última versión es de 9 de abril de 2018 MSC-MEPC.2/Circ.12/Rev.2. Como innovación, recogen las técnicas de fiabilidad humana HRA.

9   https://www.imo.org/es/OurWork/Safety/Pages/FormalSafetyAssessment.aspx

En el año 2005, el Comité de Seguridad Marítima de la OMI aprobó las enmiendas a las citadas guías sobre el uso de la evaluación formal de seguridad (EFS), o *Formal Safety Assessment* (FSA), en el proceso de creación de nuevas normas de la OMI.

La OMI describe la EFS como una metodología estructurada y sistemática, con el objetivo de reforzar la seguridad marítima, incluyendo la protección de la vida humana, la salud, el medioambiente marino y la propiedad, mediante el uso del análisis de riesgos y la valoración del coste de sus beneficios. Además, la EFS se utiliza como instrumento de evaluación de las nuevas regulaciones de seguridad marítima y de protección del medioambiente marino, o en la comparación entre reglas existentes y las posibles reglas mejoradas.

Utilizar la investigación de siniestros marítimos como único método de prevención es una opción demasiado simple y reduccionista, que no encajaba en la mentalidad proactiva en la gestión de la seguridad marítima. La EFS toma razón expresa de los riesgos y su análisis en la gestión de la seguridad, e igualmente aprovecha la información derivada de los accidentes.

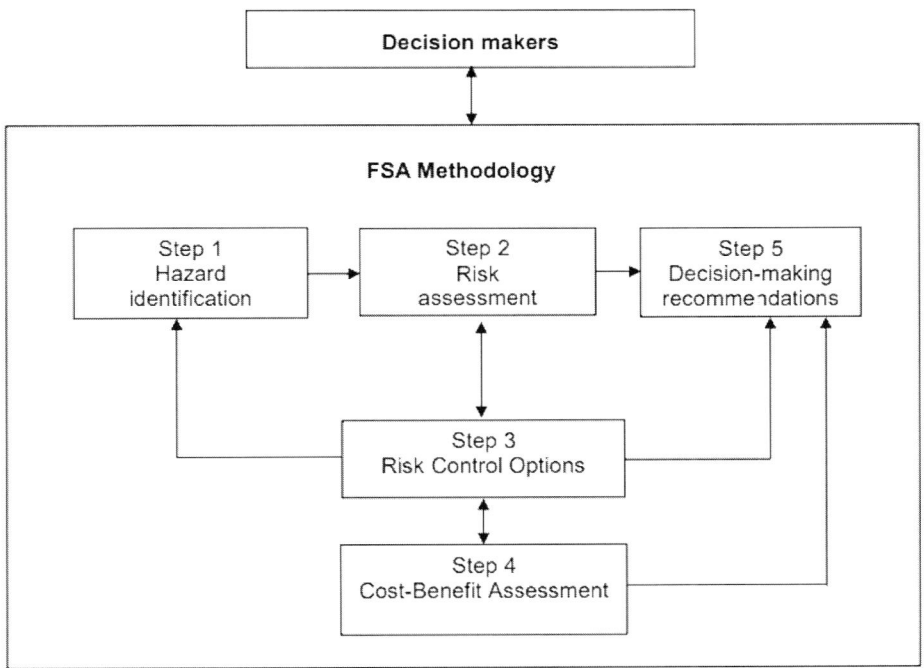

Figura 3. Diagrama de la evaluación formal de seguridad (*Flow Chart of the FSA Methodology*)
(Fuente: MSC-MEPC.2/Circ.12/Rev.2.)

La misma surge como un instrumento distinto de lucha contra la producción de siniestros marítimos. No se trata de corregir las causas de un siniestro en particular, que por otra parte es prácticamente imposible que se repita. La cuestión es evitar que estas causas se produzcan antes de que el siniestro pueda suceder. Además, permite una evaluación racional y trasparente en el proceso de creación de nuevas normas y reglas de seguridad marítima, incluyendo expresamente una valoración de coste o potenciales beneficios de la nueva normativa. Asimismo, justifica de forma trasparente las medidas propuestas y permite su comparación con otras opciones posibles.

La experiencia obtenida a partir de las aplicaciones prácticas iniciadas en 1997 dio como resultado la MSC/Circ. 1023 y la MEPC/Circ. 392, de 5 de abril de 2002, tituladas *Directrices relativas a la evaluación formal de seguridad (EFS) en el proceso normativo de la OMI*. Estas directrices fueron adoptadas en el MSC 74 y el MEPC 47.

De acuerdo con las directrices (1.3.1), "la metodología de la evaluación formal de seguridad puede ser aplicada por:

- un Estado miembro o una organización que tenga carácter consultivo cuando se propongan enmiendas a instrumentos de la OMI relacionados con la seguridad marítima y la prevención de la contaminación y la lucha contra esta, a fin de analizar las consecuencias de dichas propuestas; o

- un comité o un órgano auxiliar designado, a fin de que aporte un criterio equilibrado en el marco general reglamentario para establecer las prioridades y los aspectos de interés y analizar los beneficios y las consecuencias de los cambios propuestos".

Esta necesidad de una actitud proactiva viene siendo discutida desde hace tiempo, y parece que la FSA se posiciona como el método de evaluación de las nuevas regulaciones en materia de seguridad marítima y de protección del medioambiente marino. En esos términos, la FSA ha sido considerada como el principal instrumento científico en el desarrollo de la regulación proactiva en esta materia.

De acuerdo con la Guía OMI (MSC Circular 1023), "riesgo es la combinación de la frecuencia con la gravedad de la consecuencia".

- **Análisis de riesgos** *(risk analysis)*: uso sistemático de la información disponible para identificar los peligros y estimar el riesgo para las personas, los bienes o el medioambiente.

- **Evaluación de riesgos** *(risk assessment)*: revisión de la aceptabilidad del riesgo que se ha analizado y evaluado, basándose en la comparación con los estándares o criterios que definen su tolerabilidad.

- **Gestión de riesgos** *(risk management)*: aplicación de la evaluación del riesgo con el objetivo de informar el proceso de toma de decisiones mediante la adopción de medidas adecuadas para su reducción y posible implementación.

	Fases		Aproximación en curso
1	Identificación de riesgos	¿Qué podría ir mal?	¿Qué fue mal?
2	Análisis de riesgos, frecuencias, posibilidades y consecuencias	¿Qué frecuencia? ¿Qué probabilidad? ¿Qué magnitud?	
3	Identificación de opciones de control del riesgo	¿Cómo se pueden mejorar las cosas?	¿Qué se debería haber hecho para mejorar la situación?
4	Evaluación del coste de los beneficios	¿Cuánto cuesta? ¿Cuánto se mejora?	
5	Recomendaciones	¿Qué acciones vale la pena iniciar?	¿Qué acciones se deben tomar?

Tabla 4 Explicación conceptual del proceso de evaluación formal de seguridad
(Fuente: los análisis HAZID y HAZOP en la evaluación formal de seguridad. Propuestas de mejora. Trabajo de final de grado de D. Sánchez dirigido por el autor.)[10]

La aplicación de la EFS se divide en las cinco fases que se exponen en la figura 4.[11,12]

---

10 SÁNCHEZ SÁNCHEZ, D. (2018). *Los análisis HAZID y HAZOP en la evaluación formal de seguridad. Propuestas de mejora.* [Trabajo de fin de grado, Universitat Politècnica de Catalunya]. UPCommons. https://upcommons.upc.edu/handle/2117/130493

11 Puede verse una exposición completa del proceso en la publicación de la tesis doctora de KONTOVAS, K. en *Formal Safety Assessment: Critical Review and Future Role,* trabajo sistemático sobre las guías OMI, disponible en http://www.martrans.org/cvkontovas2.htm, Laboratory for Maritime Transport, 2005, National Technical University of Athens.

12 Véase en *Royal Institution of Naval Architects* todos los estudios sobre evaluación formal de seguridad por tipología de buques: www.rina.org.uk/article801.html. Igualmente, SAFEDOR, disponible en http://www.safedor.org/resources/index.htm#iacs.

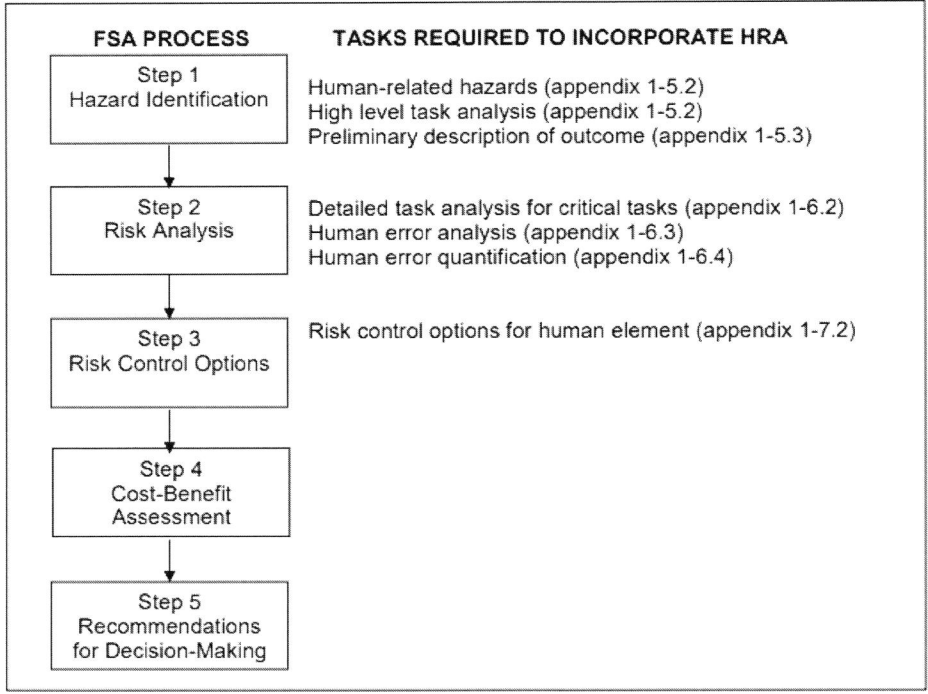

FSA PROCESS

TASKS REQUIRED TO INCORPORATE HRA

Step 1
Hazard Identification

Human-related hazards (appendix 1-5.2)
High level task analysis (appendix 1-5.2)
Preliminary description of outcome (appendix 1-5.3)

Step 2
Risk Analysis

Detailed task analysis for critical tasks (appendix 1-6.2)
Human error analysis (appendix 1-6.3)
Human error quantification (appendix 1-6.4)

Step 3
Risk Control Options

Risk control options for human element (appendix 1-7.2)

Step 4
Cost-Benefit
Assessment

Step 5
Recommendations
for Decision-Making

Figura 4. Diagrama completo de la evaluación formal de seguridad en la nueva Guía 2018, incluyendo el factor humano (*Incorporation of HRA into the FSA process*). (Fuente: MSC-MEPC.2/Circ.12/Rev.2.)

5.3.1 Fase 1

La IACS añade un paso más en el desarrollo de la evaluación formal de seguridad. Se trata de un paso preliminar en el que se definen los propósitos y objetivos del estudio de la EFS. Esta fase, entre otras tareas, incluye:

- un estudio del ámbito de aplicación: tamaño del buque, tipo, categorías de siniestros para el tipo de buque, condiciones operacionales, etc;

- un estudio del sistema y las características específicas de operación del buque;

- un estudio de los tipos de riesgo: para la vida humana, para el medioambiente marino y para la propiedad;

- una elaboración de criterios de aceptación de riesgo, es decir, cuál es el límite de riesgo admisible y, finalmente, la recogida de otros datos que puedan ser necesarios para el estudio.

5.3.2 Identificación de riesgos (*Identification of Hazards*)

Esta primera etapa hace referencia a la confección de un esquema o lista de ítems. Un equipo multidisciplinar de expertos se reúne e identifica de forma sistemática todos los riesgos potenciales y relevantes. El hecho de que el equipo esté formado por diferentes expertos es beneficioso, ya que amplía el alcance de la identificación de riesgos de una forma más variada y precisa. Este planteamiento metodológico, a modo de "tormenta de ideas", se puede complementar con análisis e inferencias bayesianas o de lógica difusa.[13]

Conviene advertir que, en esta primera etapa de identificación del riesgo, resulta muy útil la información procedente de las bases de datos derivadas de la investigación de accidentes marítimos.

En esta primera fase, también se realiza un análisis superficial de posibles escenarios desarrollados a partir de los riesgos identificados, las posibles causas del riesgo, las acciones mitigantes o preventivas y la probabilidad de que el escenario o riesgo se haga realidad.

En la literatura anglosajona se emplean las expresiones HAZID *(Hazard Identification)* y HAZOP *(Hazard and Operability)*, para el análisis funcional. Esta última está más centrada en los aspectos operativos y el chequeo de sistemas.[14] Finalmente, se ordenan los riesgos y escenarios y se establece un orden de prioridades. Conviene destacar que las técnicas de HAZID y HAZOP son complementarias.

De los objetivos comentados con anterioridad, el primero de ellos puede alcanzarse mediante una combinación de ejercicios analíticos y creativos que ayuden a identificar los riesgos relevantes. El aspecto creativo parte de la reunión del equipo multidisciplinar y de un planteamiento metodológico en forma de tormenta de ideas, con el fin de asegurar que el proceso es proactivo y no se limite únicamente al análisis de riesgos o peligros asociados a eventualidades investigadas en el pasado.

El hecho de que muchos estudios hayan utilizado, de forma generalizada, el análisis de datos históricos obtenidos de diversas bases de datos de accidentes es bastante frecuente. Es comprensible que, si se dispone de dichos datos, los perfiles de riesgos se pueden elaborar sin necesidad de imaginar un escenario

---

13 DOURMAS, G. N., NIKITAKOS, N. V., LAMBROU, M. A., *A methodology for rating and ranking hazards at formal safety assessment using fuzzy logic,* Archives of Transport, 2007, vol. 19. Disponible en http://www.gnedenko-forum.org/Journal/2008/RATA_2_2008.pdf#page=52

14 HAZID y HAZOP son técnicas de evaluación de riesgos utilizadas en la industria para identificar peligros y mejorar la seguridad operativa. *Identificación de peligros* (HAZID): es una técnica que se utiliza para identificar peligros potenciales en un sistema. Se enfoca en identificar los peligros y evaluar su probabilidad de ocurrencia y su impacto en la seguridad.*Estudio de riesgos y operatividad* (HAZOP): es una técnica que se utiliza para identificar los posibles escenarios de riesgo en el sistema. Se enfoca en analizar los procesos y las operaciones para identificar posibles fallos o situaciones de riesgo.

hipotético. No obstante, el uso de datos históricos presenta ciertas desventajas. La más importante —reconocida por la propia OMI— es que la filosofía no es proactiva y, por tanto, no puede aplicar para nuevos diseños ni utilizarse para valorar los efectos de las nuevas implantaciones en materia de control de riesgos, ya que sería necesario que ocurrieran nuevos accidentes para generar suficientes datos.

Otro problema del uso de los datos históricos se refiere a la estructura de las bases de datos de accidentes y a la información que contienen. Muchas de ellas son más útiles para la adición de datos estadísticos que para extraer conclusiones de la causa real del accidente o la secuencia de eventos que lo provocaron. Estas secuencias pueden llegar a ser muy difíciles de determinar, dado que la resolución del accidente objeto de la investigación puede tardar años en dirimirse, sin contar que el proceso judicial también puede dilatarse excesivamente en el tiempo.

Como opción complementaria, los modelos probabilísticos de fallos y la creación de escenarios se convierten en una medida de gran importancia. Hay que tener en cuenta que dicho modelo se incluye en las directrices de la OMI sobre la FSA, junto con una gran variedad de métodos formales, como los árboles de fallos y de eventos, entre otros.

En las directrices OMI sobre la FSA el concepto de *frecuencia* adquiere una posición preponderante, considerándose como "la combinación de frecuencia y la severidad de la consecuencia". Por su parte, la definición de *riesgo* que aparece en los análisis de decisión se presenta como la combinación de probabilidad de ocurrencia y la gravedad de la consecuencia.

Aunque las dos definiciones parecen similares, no lo son. *Frecuencia* no es lo mismo que *probabilidad* y *cero colisiones en un puerto* no es sinónimo de que la probabilidad de colisión sea cero. Solo si la muestra de eventos analizada es lo suficientemente extensa, se puede asimilar su frecuencia a la probabilidad, caso inexistente para los eventos extraordinarios o aislados para los que no hay suficientes datos para calcular su frecuencia.

Veamos algunos ejemplos reales:

1. ¿Cuál es la probabilidad de accidentes si se implementan las normas conjuntas sobre petroleros propuestas por la IACS?

2. ¿Cuál es la probabilidad de colisión en un canal si se implementa un sistema de separación de tráfico?

En estos casos, el cálculo de la frecuencia no es posible, ya que no disponemos de datos. ¿Significa esto que no existen probabilidades relevantes? Resulta evidente que no. Algunos investigadores, como ya se ha comentado, han sugerido la utilización de la matemática bayesiana para la estimación de la probabilidad de sucesos de eventos de los que hay muy pocos o incluso ningún dato como para estimar su frecuencia. En las aproximaciones bayesianas, la distribución probabilística de una variable desconocida es sistemáticamente actualizada desde una distribución anterior (la cual es subjetiva) y mediante observaciones del valor de dicha variable (objetiva).

Clasificación de los peligros

El segundo objetivo de este primer paso de la FSA o HAZID es el de clasificar los peligros y descartar los escenarios de menor relevancia. Esta clasificación suele realizarse a partir de los datos disponibles y con un modelo desarrollado por especialistas. Para ello, interviene el grupo de expertos multidisciplinar, el cual clasifica los riesgos asociados a cada escenario, comenzando por los más graves.

Matriz de riesgo OMI

A pesar de los comentarios previos sobre el término *frecuencia*, la consideración explícita de las frecuencias y las consecuencias de los peligros suele realizarse mediante las denominadas *matrices de riesgo*. La matriz de riesgo de la OMI se emplea para clasificar el riesgo en función de su significancia. Este tipo de matriz categoriza las dimensiones de la frecuencia y las consecuencias. Cada peligro se asume a una categoría de frecuencia y consecuencia, y la matriz de riesgo genera, por tanto, una manera de evaluar o clasificar el riesgo asociada al peligro.

Analíticamente, la OMI ha introducido una matriz de riesgo de 7x4, reflejando la gran variación potencial de las frecuencias con respecto a las consecuencias. Para facilitar la clasificación y su validación, los índices de frecuencia y consecuencia se definen en escalas logarítmicas. El llamado *índice de riesgo* se establece añadiendo los índices de frecuencia y consecuencia.

Riesgo = Probabilidad x Consecuencia

Log (Riesgo) = Log (Probabilidad) + Log (Consecuencia)

Índice de **R**iesgo = Índice de **F**recuencia + Índice de **G**ravedad

---

Por lo tanto, la matriz de riesgo puede construirse para todas las combinaciones de los índices de frecuencia y gravedad.

IF	Frecuencia	Gravedad (IG)			
		1	2	3	4
		Menor	Significante	Grave	Catastrófico
7	Frecuente	8	9	10	11
6		7	8	9	10
5	Razonablemente proba- ble	6	7	8	9
4	Remoto	5	6	7	8
3		4	5	6	7
2		3	4	5	6
1	Extremadamente re- moto	2	3	4	5

Tabla 5. Índice de riesgo basado en frecuencia y gravedad del evento
(Fuente: MSC Circ. 1023; Kontovas y Psaraftis, Fornal Safety Assessment: A Critical Review, 2009.)

Equipo de expertos

Un grupo multinacional de expertos es una situación recomendada en los estudios FSA, y además interviene en la identificación de riesgos HAZID. La función de los expertos es valorar los riesgos asociados a diferentes escenarios o establecer la frecuencia y gravedad de los peligros. La idea del equipo de expertos contribuye a dotarlo de un enfoque internacional con vistas a que, en el futuro, la OMI pueda fundamentar sus decisiones en una serie de resultados y recomendaciones internacionalmente reconocidas y ampliamente consensuadas.

La creación de este grupo de expertos, tal como indica la nota del Secretariado de la OMI, debe basarse en la cualificación de sus miembros y en la búsqueda del más alto grado de internacionalidad. Para un estudio FSA (documento MSC 80/7), se establece un número razonable de 10 integrantes como tamaño óptimo para el trabajo.

El citado documento también define los procedimientos para el nombramiento y la selección de los grupos de expertos. A propuesta de la Organización, los Estados miembros designan expertos independientes en materia de FSA, con credibilidad científica y experiencia profesional contrastada, para su inclusión permanente en un *pool* de expertos en la materia a disposición del Secretariado de la OMI, el MSC o cualquier otro comité que requiera formalmente constituir un especializado en FSA para un proyecto determinado.

Coeficiente de concordancia o acuerdo

Para garantizar la transparencia del resultado, cuando un grupo de expertos tiene como cometido evaluar los peligros, la clasificación resultante debería ir acompañada de un coeficiente de concordancia que indique el nivel de consenso entre ellos.

5.3.3   Fase 2. Valoración del riesgo

Los riesgos y escenarios identificados y priorizados en la fase 1 son analizados en profundidad. En esta segunda fase, se consideran dos análisis distintos.

En primer lugar, el análisis de causas y frecuencia del riesgo y, en segundo lugar, un análisis de las posibles consecuencias del riesgo.

Para el análisis de causas y frecuencia del riesgo, se suele utilizar el análisis en árbol de causas (*Fault Tree Analysis*).[15] Consiste en tomar un fallo y hacer el desglose de posibles causas, como se puede observar en el ejemplo de la figura 5.

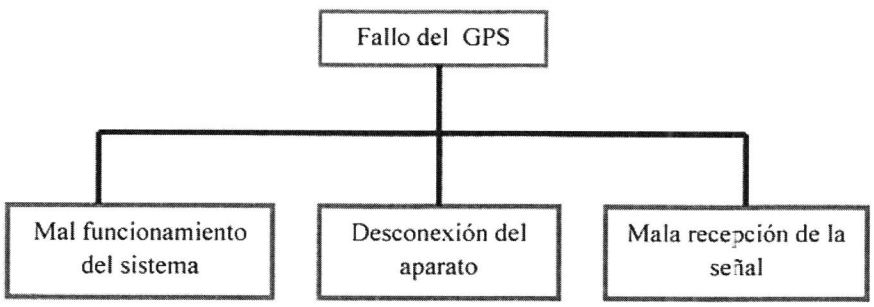

Figura 5. Ejemplo de análisis del fallo mediante un árbol de causas
(Fuente: Régimen Jurídico y Metodología de Investigación de Siniestros Marítimos. Trabajo de final de grado de C. Martí Rodrigo, dirigido por el autor.)[16]

---

15   Ver del autor: *Seguridad Marítima. Teoría general del riesgo* (2015); págs. 235 y ss. El análisis del árbol de fallos (*Fault Tree Analysis,* FTA) es un análisis deductivo de fallos, descendente (de arriba hacia abajo), que examina un estado no deseado de un sistema utilizando la lógica booleana para conjugar una serie de eventos de bajo nivel. Este método de análisis se emplea principalmente en los campos de la ingeniería de seguridad y de fiabilidad, para comprender cómo pueden fallar los sistemas, identificar las mejores formas de reducir un riesgo o bien determinar (o comenzar a comprender) las tasas de eventos de un accidente de seguridad o un fallo funcional de un nivel en particular de un sistema. El análisis de árbol de eventos (*Event Three Analysis*) es un proceso de evaluación lógica que sigue una línea temporal hacia delante, a través de una cadena causal, hasta un modelo de riesgo. No requiere la premisa de un peligro conocido. Un árbol de eventos es un proceso de investigación inductivo.

16,17   Ver en: https://upcommons.upc.edu/bitstream/handle/2099.1/5068/R%C3%A9gimen+Jur%C3%AD-dico+y+Metodolog%C3%ADa+de+Investigaci%C3%B3n+de+Siniestros+Mar%C3%ADtimos.pdf?sequence=1

En un análisis real, se efectuaría un listado completo de los posibles fallos del GPS y, a su vez, cada una de las causas debería ir acompañada de los factores que la han provocado. Más adelante, correspondería hacer un análisis sobre la repercusión del fallo del GPS en la integridad del buque.

El análisis de consecuencias se realiza según se representa en la figura 6.

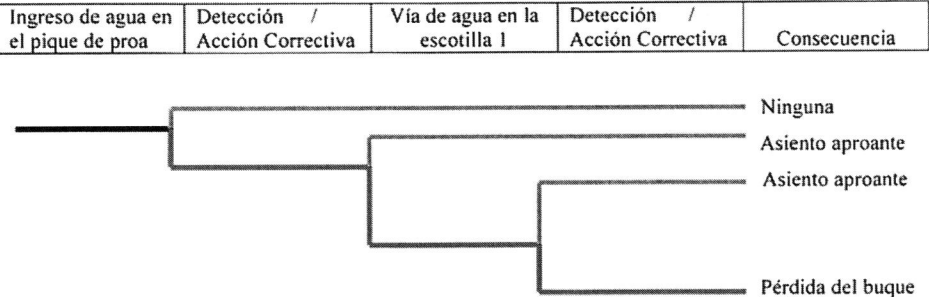

Ingreso de agua en el pique de proa	Detección / Acción Correctiva	Vía de agua en la escotilla 1	Detección / Acción Correctiva	Consecuencia

Figura 6. Análisis de consecuencias. (Fuente: Régimen Jurídico y Metodología de Investigación de Siniestros Marítimos. Trabajo de final de grado de C. Martí Rodrigo, dirigido por el autor.)[17]

Una vez realizados estos dos análisis, el riesgo ya ha sido establecido y debe ser valorado para responder a la pregunta final de esta fase.

Con carácter ilustrativo, como una aplicación específica, el riesgo de personas es tratado como *riesgo individual* (RI). Se alude al riesgo de muerte, de lesión y de salud frágil experimentada por un individuo en una localización concreta. Sería, por ejemplo, el caso de un miembro de la tripulación o de un pasajero de a bordo de un navío, o incluso de terceras partes que podrían verse afectadas por un accidente del navío. Este riesgo es específico en lo que a persona y ubicación se refiere:

$$\text{RI}_{\text{para persona Y}} = \text{F}_{\text{del suceso indeseado}} * \text{P}_{\text{para persona Y}} * \text{E}_{\text{de persona Y}}$$

Donde:

- F = frecuencia
- P = probabilidad de la causalidad resultante
- E = exposición fraccionaria a ese riesgo

Los diagramas de influencia o *Regulatory Influence Diagramns* (RID) se utilizan para modelizar la red de sucesos que influencian un evento. De esta manera, se relacionan los fallos en el ámbito operacional con las causas directas y con los elementos influyentes del mismo en el plano organizacional y regulatorio.

La aproximación RID (como nos referiremos a ella en lo sucesivo) se deriva de los análisis de decisión. Como técnica, es una variación de la metodología de diagramas de influencia utilizada en gestión de riesgos por otros sectores industriales. Dado que los diagramas de influencia reconocen que los perfiles de riesgos pueden verse afectados, por ejemplo, por factores humanos, regulatorios y organizacionales, ello permite una comprensión holística del problema a partir del análisis.

A pesar de ello, desde la adopción de las Directrices en FSA por la OMI (MSC Circ. 829), el RID solo ha sido empleado en un estudio piloto sobre embarcaciones de alta velocidad propuesto por el Reino Unido y Suecia (MSC 69/14/4), considerado por muchos como de significancia cuestionable dentro del proceso de FSA. Tanto es así que, incluso, Italia propuso en el documento MSC 71/14 de febrero de 1999 eliminar su referencia en el epígrafe 5.3 de las Directrices FSA, o bien clarificar su uso en los pasos 2 y 4. Como consecuencia, el Reino Unido remitió un documento (MSC 72/16/1 de marzo de 2000) en el que se proporcionaba una guía sumarial para el uso del RID. A raíz de ello, la referencia al RID fue incluida finalmente en la Circ. 1023. No obstante, sigue sin ser una metodología utilizada de forma extensiva en el marco del proceso FSA.

El riesgo asociado a un incidente se puede evaluar y cuantificar construyendo un diagrama llamado *árbol de contribución al riesgo*, el cual se basa en los datos del accidente y la evaluación y juicio de expertos.

Los árboles de fallos y los árboles de eventos son las técnicas más ampliamente utilizadas para el desarrollo de los diagramas de contribución al riesgo en los estudios basados en FSA. Ambas técnicas pueden ser utilizadas también para la identificación de riesgos (paso 1), pero solo se aprovecha realmente todo su potencial en este paso.

Estimación de la frecuencia de la ocurrencia

La estimación del riesgo relativo a un peligro identificado en la fase 1 comienza con una valoración de su frecuencia. Como norma general, existen dos métodos para ello: mediante la estadística y el uso de modelos. Ambas metodologías se han empleado históricamente en los diferentes estudios FSA que se han remitido a la OMI desde la puesta en práctica de la Evaluación Formal de Seguridad, siendo la estadística la más utilizada. Esta se basa en una estimación numérica a partir de datos históricos. El segundo método, en cambio, recurre a índices de frecuencia. En ambos casos, resulta de vital importancia para su correcta interpretación la valoración de los resultados por expertos.

En muchos estudios FSA, la frecuencia viene dada por la siguiente fracción:

$$F = \frac{\text{Número de sucesos}}{\text{años-buque}}$$

Entre las desventajas del primer método, destaca que la estadística solamente representa hechos pasados, al no tener en cuenta datos recientes o incluso futuros desarrollos potenciales.

Además, muchos de los FSA remitidos a la OMI cuantifican las consecuencias de las pérdidas potenciales de vidas (*Potential Loss of Life*, PLL). La definición de PLL tal y como se muestra en las directrices FSA es:

$$PLL = \frac{\text{Número de fatalidades}}{\text{años-buque}}$$

Más allá de la definición presentada, podemos encontrar otras dos: una de ellas, es la proporción media de fatalidades por unidad económica de producción, la cual podemos diferenciar en:

Para los trabajadores/tripulación:

$$PLL = q \times EV, \text{ donde } q = \frac{\text{Número de fatalidades laborales}}{GNP}$$

Para los pasajeros:

$$PLL = r \times EV, \text{ donde } r = \frac{\text{Número de fatalidades debido al transporte}}{\text{Contribución al } GNP \text{ del transporte}}$$

Donde *EV* es el valor económico de la actividad, y *GNP*, el producto interior bruto (*Gross National Product*).

Otra definición, que resulta quizá la más interesante de las tres, es aquella que relaciona el PLL con las curvas F-N (que se verán más adelante y resultan una herramienta muy útil en el establecimiento de los riesgos sociales y sus criterios de aceptación). De acuerdo con esto, el PLL se define mediante la utilización de la siguiente ecuación:

$$PLL = \sum_{N=1}^{Nu} N \cdot fN = F1\left(1 + \sum_{N=1}^{Nu-1} \frac{1}{N+1}\right) = F1 \cdot \sum_{N=1}^{Nu-1} \frac{1}{N}$$

Donde,

- N_u = límite superior del número de pérdidas que pueden darse en un accidente.
- f_N = frecuencia de la recurrencia de un accidente que supone N pérdidas.
- F_1 = frecuencia de accidentes que implican una o más pérdidas.

5.3.4   Fase 3. Opciones de control del riesgo

El objetivo de este paso es la proposición de medidas para la prevención del inicio y progreso de un accidente. De acuerdo con la filosofía de la evaluación formal de seguridad, los esfuerzos se centrarán en la prevención y no en la mitigación de las consecuencias del siniestro (véase la figura 7).

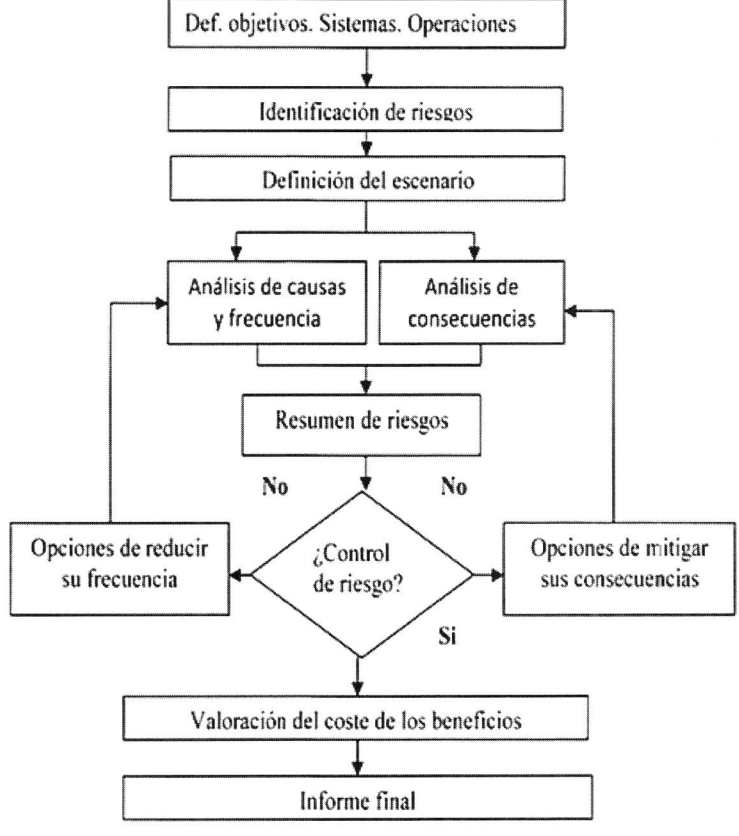

Figura 7. Flujo de información en la evaluación formal de seguridad. (Fuente: elaboración propia.)

De acuerdo con las directrices OMI de la FSA, la fase 3 tiene como objeto:

Proponer unas opciones de control del riesgo (*Risk Control Options*, RCO) efectivas y prácticas que comprendan las siguientes cuatro fases:

- Focalizarse en las áreas de riesgo que necesitan control.
- Identificar las medidas de control de los riesgos potenciales (*Risk Control Measures*, RCM).
- Evaluar la efectividad de las medidas de control de los riesgos potenciales para disminuir el riesgo volviendo a evaluar el paso 2.
- Agrupar las medidas de control de los riesgos potenciales en opciones regulatorias prácticas.

El resultado de esta fase de la FSA es una lista de RCO que se analizará en función de su coste y efectividad. En muchos casos, el proceso de la toma de decisiones de la FSA está fundamentado solamente en la implementación de un RCO. En el caso de que dos o más RCO se introduzcan de forma simultánea, el cálculo de la reducción del riesgo y el de coste y efectividad no es tan sencillo.

Por otra parte, los RCO que se analizan son aquellos que o bien reducen el riesgo a una relación aceptable, o disminuyen esa proporción considerablemente. Es, por lo tanto, en este paso cuando se procede a la estimación de la Reducción del Riesgo (ΔR) asociado a cada RCO. Lo que se define como *nivel de riesgo aceptable* se comentará más adelante. En cualquier caso, el modelado ha de ser utilizado siempre que sea posible y hay que recalcar que los analistas no deben confiar exclusivamente en los datos históricos.

Esta etapa, por lo tanto, depende en gran medida de la opinión de los expertos. Dar una estimación numérica de la reducción del riesgo acorde a datos históricos no puede ser proactiva en toda la amplitud de la palabra, y en la mayoría de los casos sería cuestionable. La predicción de la reducción del riesgo fundamentada en la opinión de un experto puede ser también cuestionable, incluso si se consigue con técnicas fiables, como con la ayuda de un software como Delphi (Documento MEPC 58/INF.2, FSA para buques tanque).[18]

En relación con los RCO, la IACS estudió en 2004, en el documento MSC 78/19/1, la interacción de los RCO. Propuso, como mínimo, una evaluación cuantitativa de la dependencia del RCO. Más tarde, en 2006, el asunto de la interdependencia de los RCO y cómo manipularla fue discutido en la sesión 81 de la MSC. Los estudios recomiendan examinar con especial atención las interdependencias entre

---

18 Delphi es un entorno de desarrollo de *software* diseñado para la programación de propósito general con énfasis en la programación visual. Utiliza, como leguaje, una versión moderna de Pascal llamada *Object Pascal*. Es un producto comercial desarrollado por la empresa estadounidense *CodeGear*, adquirida por *Embarcadero Technologies*.

los RCO y, además, sugieren la inclusión de una combinación razonable de los mismos, ya que la aplicación simultánea de más de un RCO ha demostrado ser más eficaz tanto en la reducción de riesgo como en el coste.

Cualquier RCM debería apuntar, al menos, a una de las siguientes:

1. Reducir la frecuencia de los fallos.

2. Atenuar el efecto del fallo.

3. Aliviar las circunstancias en las cuales el fallo suele ocurrir.

4. Mitigar las consecuencias de los accidentes

El uso de las cadenas causales no está muy extendido en la actualidad, a pesar de que se hizo extensivo después de la adopción de las directrices de la FSA por parte de la OMI.

En cualquier caso, el instrumento más útil son los diagramas de contribución al riesgo explicados en el paso anterior. Es evidente que, en muchos casos, la identificación de las medidas se realiza a partir del estudio en profundidad de los árboles de fallos y de eventos, ya que muestran, de forma clara, las frecuencias y las consecuencias que hay que evitar.

Hay varios índices que expresan la efectividad de un RCO, pero en la actualidad solo uno se utiliza de forma generalizada en los estudios FSA: el denominado Coste de Evitar una Fatalidad (*Cost of Averting a Fatality*, CAF) el cual puede ser expresado de dos maneras: bruta y neta.

Coste bruto de evitar una fatalidad (*Gross Cost of Averting a Fatality*, GCAF):

$$GCAF = \frac{\Delta C}{\Delta R}$$

Coste neto de evitar una fatalidad (*Net Cost of Averting a Fatality*, NCAF):

$$NCAF = \frac{\Delta C - \Delta B}{\Delta R}$$

Donde:

- ΔC es el coste por buque del RCO en consideración.

- ΔB es el beneficio económico por buque resultante de la implementación del RCO.

- ΔR es la reducción del riesgo por buque, en términos de número de fatalidades evitadas.

Ha de tenerse en cuenta que, en este paso, la reducción del riesgo (o ΔR) no está medida como antes; esto es, como el producto de la probabilidad por la consecuencia, sino en términos de la reducción del número esperado de fatalidades una vez se establece un RCO específico. Esto implica una perspectiva un poco más reducida en el sentido de que, al menos por el momento, y en este paso, solamente se consideran las consecuencias que conllevan fatalidades. Actualmente, se está intentando extender esta aproximación a las consecuencias medioambientales.

Con la reducción del riesgo definida como se ha descrito, subyace una asunción implícita a esta aproximación que conviene señalar: existe una forma fiable para el cálculo de la aproximación del riesgo para un RCO específico. Sin embargo, el número esperado de fatalidades en un accidente marítimo puede depender de factores muy difíciles o imposibles de cuantificar y modelar, como la formación de la tripulación, su estado de salud, su localización dentro del buque en el momento del siniestro, entre otros factores aleatorios.

Criterio de los 3 millones USD

El criterio dominante en todos los estudios FSA que ha sido adoptado por la OMI hasta el momento es el llamado "criterio de los 3 millones de dólares", tal como se describe en el documento MSC 79/19/2. De acuerdo con el mismo, para recomendar la implementación de un RCO, el valor del CAF —la suma de los valores neto y bruto— debe ser inferior a 3 millones de dólares. En caso contrario, el RCO se descarta.

Para un RCO específico, la fórmula del NCAF es:

$$NCAF = \frac{\Delta C - \Delta B}{\Delta R} < \$3m \quad \Rightarrow \quad \Delta C - \Delta B < 3m \cdot \Delta R$$

Esto significa que, para un RCO a adoptar, las tres variables ΔC, ΔB y ΔR tienen que satisfacer lo siguiente:

$$\Delta C < \$3m \, (\Delta R + \Delta B)$$

Si se da esta circunstancia, se recomendará adoptar el RCO propuesto; en caso contrario, será rechazado.

Para el caso del criterio del GCAF, el equivalente es más sencillo:

$$\Delta C < \$3m \, \Delta R$$

Puede ocurrir que, si $\Delta B > 0$ (una suposición razonable si el RCO cuestionado conlleva beneficios económicos), entonces, si el RCO satisface el criterio GFAC ($\Delta C < \$3m \, \Delta R$), siempre satisfará también el criterio NCAF ($\Delta C < \$3m \, (\Delta R + \Delta B)$). En tal sentido, el criterio GCAF domina al criterio NCAF. Lo opuesto, no siempre se cumple.

Quizá a resultas de esta propiedad, muchos analistas de FSA han propuesto dar la prioridad a la GCAF.

Una cuestión importante es cómo se aplican estos criterios si hay más de un RCO. La última tarea de este paso consiste en clasificar los RCO usando una perspectiva coste-beneficio para facilitar las recomendaciones en la toma de decisiones. Muy a menudo, los CAF se utilizan de forma que resulte sencilla su clasificación: cuanto menor sea el CAF de un RCO, mayor prioridad se debe dar a su implementación.

Cuando GCAF y NCAF son positivos, sus significados son entendibles. En cambio, cuando el valor del NCAF se vuelve negativo, su interpretación puede ser más dificultosa. De hecho, se han llevado a cabo estudios para la interpretación de un RCO con NCAF negativo.

$$NCAF = \frac{\Delta C - \Delta B}{\Delta R} < 0 \quad \Rightarrow \quad \Delta C - \Delta B < 0 \quad \Rightarrow \quad \Delta C < \Delta B$$

Un NCAF negativo significa que los beneficios en unidades monetarias son mayores que los costes asociados al RCO. Como se propone en el documento MSC 76/5/12, cuando se comparan RCO con NCAF negativos, se pueden utilizar los valores absolutos de $\Delta C - \Delta B$.

A pesar de estas recomendaciones, es necesario prestar atención y no aplicar los criterios de manera errática. Un ejemplo hipotético relevante es el que se muestra en la siguiente tabla:

	ΔR	ΔC ($m)	ΔB ($m)	GCAF ($m)	NCAF($m)
RCO 1	0,10	0,1	0,09	1,0	0,10
RCO 2	0,01	0,009	0,0085	0,9	0,05

Tabla 6. Ejemplo hipotético que conduce a la selección del RCO más arriesgado
(Fuente: Kontovas y Psaraftis, Formal Safety Assessment: A Critical Review, 2009.)

En este caso, ambos RCO son aceptables, ya que ambos tienen el GCAF y el NCAF por debajo de los 3 millones de dólares. También RCO 2 es superior en términos de ambos criterios a RCO 1. Este reduce los riesgos fatales diez veces más que RCO 2, lo cual significa que el RCO que se elija como el mejor va a reducir el riesgo diez veces menos que el que se rechazará. Para explicar la paradoja, debemos tener en cuenta que GCAF y NCAF son índices de proporción, por lo que ignoran el valor absoluto de la reducción de riesgo (ΔR), el cual debería considerarse también como un criterio por sí solo.

5.3.5   Fase 4. Valoración del coste de los beneficios

Consiste en valorar por separado los costes de implementación de una medida y sus beneficios; normalmente expresando dichos costes en términos económicos:

- – Inversiones.
- – Costes relacionados con la operación.
- – Educación, inspección y mantenimiento.
- – Cumplimiento de nuevas regulaciones.
- – Aplicación de nuevas normativas.

Los beneficios se pueden valorar en términos de costes o daños evitados:

- – Reducción de la frecuencia de siniestros totales.
- – Disminución del número de heridos.
- – Incremento de la vida útil del buque.
- – Reducción de la contaminación del medio marino.
- – Disminución del número de incidentes.

5.3.6   Fase 5. Recomendaciones en la toma de decisiones

De las directrices OMI:

El objetivo de la etapa 5 es determinar las recomendaciones que se han de presentar a las personas encargadas de tomar las decisiones. Las recomendaciones estarán basadas en la comparación y clasificación de los peligros y de sus causas determinantes, en la comparación y clasificación de las opciones de control de los riesgos en función de los costes y beneficios conexos, y en la determinación de las opciones de control de los riesgos que presenten un riesgo lo más bajo posible.

El paso final de una FSA anima a establecer recomendaciones para la mejora de la seguridad en consideración con los resultados de los pasos anteriores.

Los RCO que se recomiendan deberían reducir el riesgo al "nivel deseado" y ser rentables.

Asimismo, deben considerarse tanto los riesgos individuales como los sociales, ya afecten a miembros de la tripulación, pasajeros u otras partes interesadas. Podemos entender por *riesgo individual* aquel que afecta a un individuo aislado, mientras que el *riesgo social* implica a un conjunto de personas o a la sociedad en general.

Nivel de riesgo deseado

Las directrices de la OMI sugieren que han de considerarse los riesgos tanto individuales como sociales por parte de los miembros de la tripulación, los pasajeros y terceras partes. El riesgo individual puede entenderse como el que afecta a un individuo aislado, y el social, a la sociedad, fruto de un gran accidente (afecta a más de una persona). Para ser capaces de analizar más a fondo estas categorías de riesgo y sus criterios de aceptación, antes hay que conocer los niveles de riesgo.

En esta última fase se provee una selección de opciones para el control de riesgos con un coste razonable y efectivo. Se proporcionan unas recomendaciones para disminuir el riesgo lo más razonable y practicablemente posible. El equilibrio entre opciones y sus costes está sometido al principio ALARP.

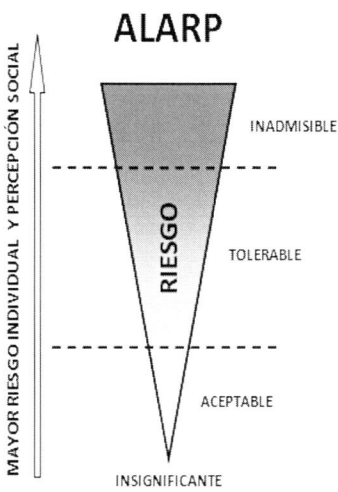

Figura 8. Percepción del riesgo ALARP. (Fuente: ALARP Wikipedia.)[19]

El principio ALARP *(As Low As Reasonably Practicable* o "tan bajo como sea razonablemente factible"), tiene sus orígenes en el derecho inglés; en particular, en el Health and Safety at Work Act 1974, que requiere la provisión y mantenimiento de equipos y sistemas laborales para que sean seguros y sin riesgos para la

---

19 https://es.wikipedia.org/wiki/ALARP#:~:text=ALARP%2C%20acr%C3%B3nimo%20del%20ingl%C3%A9s%20%22As,la%20seguridad%20de%20sistemas%20cr%C3%ADticos).

salud "siempre y cuando sea razonablemente factible" (SFARP, del inglés *So Far As Is Reasonably Practicable)*. La definición de SFARP en este contexto conlleva al requerimiento de que los riesgos se deben reducir a un nivel que sea ALARP. Para que un riesgo sea considerado ALARP, debe ser posible demostrar que el coste de continuar reduciendo ese riesgo es desproporcionado en comparación con el beneficio que se obtendría.

A la hora de determinar si un riesgo es ALARP, es necesario definir lo que significa *razonablemente factible*. Este estándar jurídico ha formado parte del derecho inglés desde el caso de "Edwards contra el Departamento Nacional del Carbón", en 1949.[20] El fallo, en este caso, fue que el riesgo debe ser insignificante en relación con el sacrificio (dinero, tiempo, inconveniencia) necesario para evitarlo. Es decir, los riesgos deben evitarse, salvo que el coste de evitarlos sea claramente desproporcionado en relación con el beneficio que se obtiene. Este punto de equilibrio ha sido incorporado a la metodología de la Evaluación Formal de Seguridad.

Las figuras 9 y 10 representan unas tablas ALARP en forma de matriz y aplicación a distintos tipos de buques (OMI-MSC 72/16).

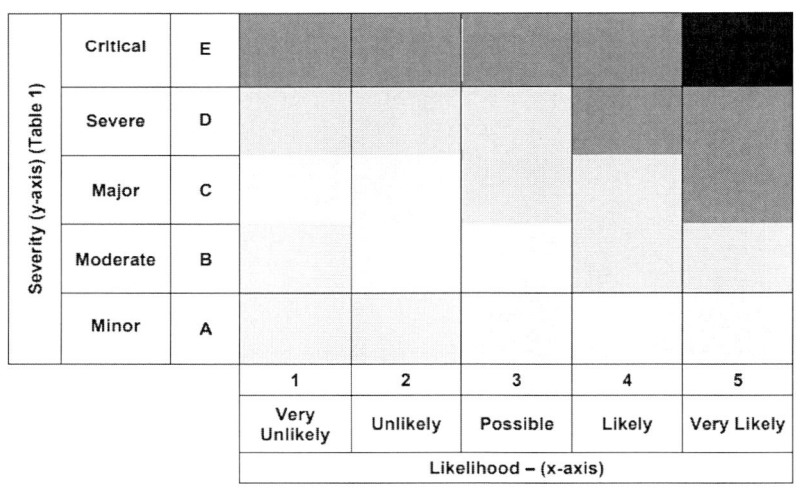

Figura 9. Matriz ALARP. (Fuente: UK Ministry o f Defence. Element 4: Risk Assessments and Safety Cases.)[21]

---

20   Véase *Edwards v. National Coal Board.* (1949) All ER 743 (CA).

21   Ver en: https://assets.publishing.service.gov.uk/media/66e18424caa02d92e72c8d62/JSP_815_-_Element_4_Risk_assessments_and_safety_cases_v1.2.pdf

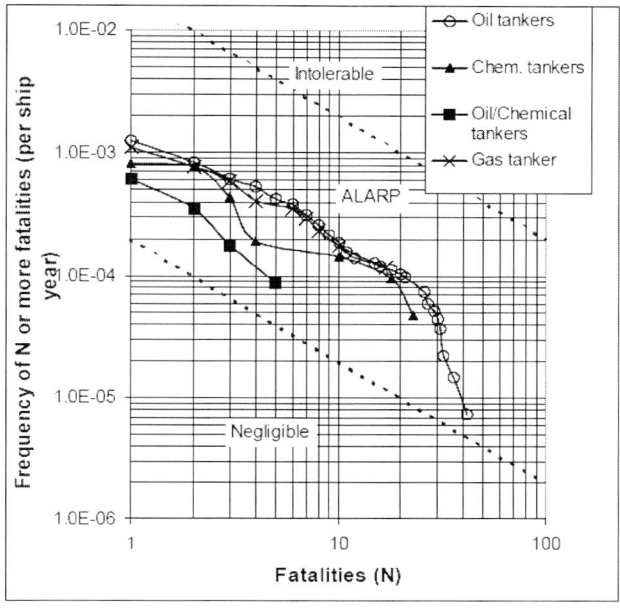

Figura 10. Matriz ALARP (FN - diagram). (Fuente: MSC-MEPC.2/Circ.12/Rev.2.) [22]

Estas opciones y recomendaciones estarán recogidas en un informe que incluirá el alcance del análisis, las limitaciones asumidas, los resultados logrados y ofrecerá explicaciones que aclaren las conclusiones alcanzadas.

5.4 Juicio crítico de la EFS

La evaluación formal de seguridad (EFS), a pesar de su gran formalismo y de ser un proceso complejo, goza de una gran popularidad, y prácticamente todas las universidades marítimas y centros de investigación a escala mundial emprenden estudios EFS. Sin embargo, no es un instrumento "mágico", es decir, no resuelve todos los problemas ni da respuestas a todas las preguntas. En el seno del CSM 79, se planteó la analogía con el radar, cuando se pensó que, tras su implantación, los abordajes desaparecerían. Conviene tener presente que, bien utilizada, la evaluación formal de seguridad es una herramienta útil para comparar

---

22   Ver en: https://wwwcdn.imo.org/localresources/en/OurWork/HumanElement/Documents/MSC-MEPC.2-Circ.12-Rev.2%20-%20Revised%20Guidelines%20For%20Formal%20Safety%20Assessment%20(Fsa)For%20Use%20In%20The%20Imo%20Rule-Making%20Proces...%20(Secretariat).pdf

opciones,[23] fomentar un debate racional y transparente en la creación de normas y en el debate legislativo, y, desde luego aporta un criterio de proporcionalidad en la gestión de la seguridad. Un aspecto sumamente interesante es su influencia en el diseño y la construcción de buques a partir de la identificación de peligros por tipo de buque (HAZID), aspecto que ha revolucionado la ingeniería naval.[24]

5.5   Enfoque de seguridad del caso (Safety Case Approach-SCA)

El enfoque de seguridad del caso es un proceso estructurado, respaldado por evidencias, destinado a justificar que un sistema es aceptablemente seguro para una aplicación concreta en un entorno operativo específico. Como tal, existen fuertes paralelismos con la evaluación formal del riesgo utilizada para preparar una evaluación de riesgos, aunque el resultado será específico del caso. El enfoque del caso de seguridad debe identificar los aspectos críticos, tanto técnicos como de gestión.

Tanto el SCA como la FSA implican la identificación de peligros, la evaluación de los niveles de frecuencia de eventos clave y el análisis de métodos para la reducción del riesgo. Las diferencias fundamentales entre ambos enfoques radican, en primer lugar, en su objetivo básico: la EFS/FSA responde a un enfoque prescriptivo, mientras que el SCA se aplica, generalmente, a un buque en particular, y la EFS/FSA, en cambio, se orienta a problemas de seguridad comunes a un determinado tipo de buque o a un peligro específico.

Un caso de seguridad SCA es un documento elaborado por el operador que:

- Identifica los peligros y riesgos sobre una base racional.

- Describe y acredita cómo se controlan los riesgos.

- Describe el sistema de gestión de seguridad implementado para garantizar que los controles se apliquen de manera eficaz y coherente.

El principio conceptual es que los productores del riesgo son quienes deben gestionarlo. De este modo, la tarea de los operadores es analizar sus procesos, procedimientos y sistemas para identificar los riesgos, evaluarlos e implementar los

---

23 Como ejemplo de la EFS, la OMI decidió no contemplar la necesidad de una pista de aterrizaje de helicópteros en los buques de pasaje (Convenio SOLAS, cap. III, artículo 28,1). En el mismo sentido, ha de considerarse la propuesta sobre el doble casco para los buques graneleros. La EFS se ha proyectado inclusive en el transporte aéreo *(Safety Assessment Methodology,* SAM, de Eurocontrol).

24 A partir de los trabajos de Safedor (http://www.safedor.org/), consorcio de investigación creado por los astilleros y las sociedades de clasificación en el marco del VI Programa Marco de la UE. Como obra de referencia imprescindible, véase por todos, PAPANIKOLAU, A. *Risk-Based Ship Design Methods, Tools and Applications,* Ed. Springer, 2009.

controles adecuados. El operador es quien tiene un mayor conocimiento de su operativa.

El elemento central del SCA es el sistema de gestión de seguridad (SGS) que tiene cinco componentes: (*a*) formulación de políticas; (*b*) organizar recursos y la comunicación de información; (*c*) implementar las políticas acordadas; (*d*) evaluar que se cumplan los estándares requeridos; y (*e*) revisar el desempeño y hacer los ajustes pertinentes. Cabe señalar que el SGS funciona también como sistema de mejora continua.

Al implementar el SGS, todos los peligros se gestionan y controlan para permanecer en márgenes tolerables e insignificantes. En otras palabras, hay una verificación continua de los niveles de riesgo de peligros, asegurándose de que no se introduzcan nuevos peligros en el sistema. En caso de que esto suceda, el SGS garantizará que se evalúe el nivel de riesgo de un peligro específico, se encuentren soluciones para reducirlo a un nivel aceptable (nivel ALARP) y esté listo para posibles emergencias relacionadas.

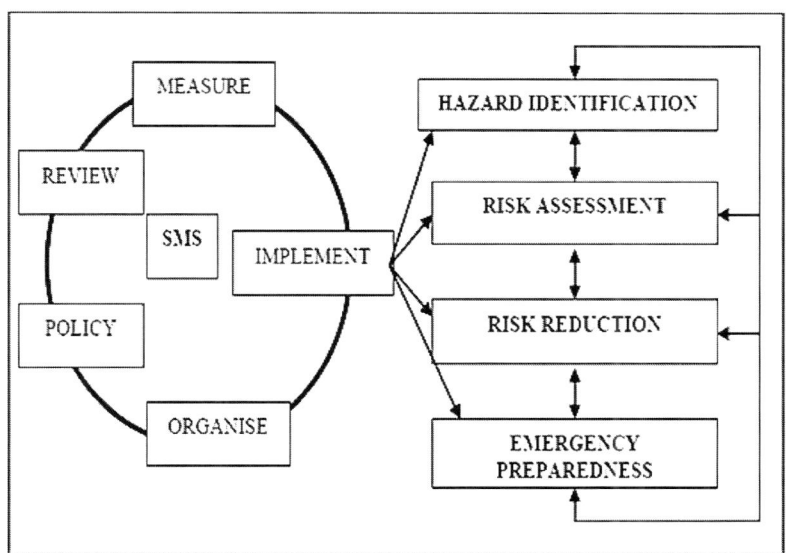

Figura 11. Elementos esenciales del SCA. (Fuente: Alexopoulos y Konstantopoulos (2004).) [25]

---

25 Ver ALEXOPOULOS, A. Y KONSTANTOPOULOS, N. (2004). *New Elements in International Maritime Standards: Developing a Safety Case Approach for the Treatment of Tanker Incidents*. Journal of Operational Research, 4. 333-346. Disponible en abierto en: https://doi.org/10.1007/BF02941138

Los otros cuatro elementos del SCA son:[26]

- **Identificación de peligros**: consiste en identificar los posibles peligros del sistema. En el caso de un barco, los ejemplos típicos incluirían incendios, embarrancadas, abordajes, entre otros.

- **Evaluación de riesgos**: implica evaluar el nivel de riesgo de cada peligro para determinar si se encuentra en un nivel intolerable, tolerable o insignificante.

- **Reducción de riesgos**: se refiere a reducir los peligros con un nivel de riesgo intolerable y, cuando sea viable desde el punto de vista económico, también aquellos en nivel de riesgo tolerable.

- **Preparación para emergencias**: hace referencia a la preparación para las emergencias que podrían ocurrir en caso de que un peligro potencial llegue a materializarse, incluso cuando se hayan tomado todas las precauciones para evitarlo.

5.6 Conclusiones

1. La IACS y otros expertos ya advirtieron, en sus fases iniciales, tras su promulgación, que era muy difícil el cumplimiento de los propósitos del Código IGS/ISM sin utilizar técnicas de análisis de riesgos.

2. El objetivo general de la gestión de riesgos es identificar los peligros antes de que ocurran y tener previsto un plan para abordarlos. Si bien algunos riesgos se pueden evitar por completo, otros solo se pueden minimizar hasta un nivel tolerable. De acuerdo con la Guía OMI (MSC Circular 1023), "riesgo es la combinación de la frecuencia con la gravedad de la consecuencia".

3. Las enmiendas del año 2008 al Código IGS impusieron la evaluación del riesgo sobre el buque, las personas y el medioambiente (nueva regla 1.2.2), sin pronunciarse sobre la metodología adecuada o preferible, lo que deja libertad a los operadores para que efectúen cualquier evaluación del riesgo, siempre que dicha valoración sea acreditable y objetivable.

4. La introducción del riesgo, a partir de la citada regla 1.2.2 y su análisis, evaluación y gestión supone un cambio drástico en la gestión operativa de la seguridad marítima. Su alcance en la formación de los marinos e

---

26 Ver sobre SCA: WANG, J. (2002), *Offshore safety case approach and formal safety assessment of ships*, Journal of Safety Research, Volume 33, Issue 1,2002, Pages 81-115, ISSN 0022-4375, BISHOP, P.G., BLOOMFIELD, R.E. (1995). *The Ship Safety Case Approach*. En: Rabe, G. (eds) Safe Comp 95. Springer, London. (https://doi.org/10.1007/978-1-4471-3054-3_30).

ingenieros navales es de extraordinaria importancia y claramente supone un antes y un después. En el mismo sentido respecto a la investigación.

5. Las evaluaciones de riesgo *cualitativas* evalúan los riesgos de acuerdo con juicios y descripciones subjetivas, utilizando frecuentemente categorías como *alto*, *medio* o *bajo*. Suelen basarse en el conocimiento y la experiencia para evaluar la probabilidad y el impacto de los riesgos. Por otra parte, las evaluaciones *cuantitativas* utilizan datos numéricos y métodos estadísticos para cuantificar los riesgos. Esto puede implicar el cálculo de probabilidades e impactos potenciales en términos numéricos, para proporcionar una estimación más precisa de los riesgos. Para evaluar el riesgo con éxito, es esencial seleccionar el método adecuado a la situación. En principio, se debería aplicar primero un enfoque cualitativo simple, para determinar si el riesgo se puede evaluar sin tener que recurrir a técnicas cuantitativas más complejas. En el caso de actividades sencillas y directas, puede ser suficiente una evaluación *in situ* realizada por un supervisor con el nivel de autoridad adecuado. Deben conservarse pruebas objetivas de dicha evaluación de riesgos.

6. Las técnicas HAZID y HAZOP son herramientas utilizadas en la industria para evaluar riesgos, identificar peligros y mejorar la seguridad operativa. *Identificación de peligros* (HAZID): es una técnica que se utiliza para identificar peligros potenciales en un sistema. Se enfoca en identificar los peligros y evaluar su probabilidad de ocurrencia y su impacto en la seguridad. *Estudio de riesgos y operatividad* o *análisis de fiabilidad operativa* (HAZOP): es una técnica orientada a identificar los posibles escenarios de riesgo en el sistema. Analiza los procesos y las operaciones para detectar posibles fallos o situaciones de riesgo. Ambas técnicas son complementarias.

7. Aunque los auditores deberían fomentar el uso de métodos científicos de evaluación de riesgos en la aplicación del Código IGS, debe tenerse en cuenta que este no prescribe una metodología específica. Por ello, sería adecuado asegurarse de que el SGS prevé alguna forma rigurosa de identificación de los riesgos y de aplicación de las medidas de seguridad necesarias.

8. La evaluación formal de seguridad (EFS/FSA) es la metodología más utilizada en la ingeniería de la seguridad y constituye, además, el criterio metodológico adoptado por la OMI en su producción normativa. Ambos factores explican el éxito de la EFS en los análisis de riesgos y en la gestión de la seguridad operativa.

9. La OMI describe la EFS como una metodología estructurada y sistemática, cuyo objetivo es reforzar la seguridad marítima, incluyendo la protección

de la vida humana, la salud, el medio marino y la propiedad, mediante el uso del análisis de riesgos y la valoración del coste de sus beneficios.

10. El estándar ALARP, acrónimo del inglés *As Low As Reasonably Practicable*, (en español, "tan bajo como sea razonablemente factible"), es un término común en la normativa internacional en el campo de la seguridad y, en particular, en la seguridad de sistemas críticos. El principio ALARP consiste en que el riesgo residual debe ser tan bajo como sea razonablemente factible. Para que un riesgo sea considerado ALARP, debe acreditarse que el coste de continuar reduciendo dicho riesgo es desproporcionado en comparación con el beneficio que se obtendría. La acreditación del principio ALARP es un estándar legal en muchos regímenes jurídicos de todo el mundo. En la región "ampliamente aceptable", este puede acreditarse simplemente mediante el cumplimiento de buenas prácticas. En el caso de un riesgo mayor, se requiere una acreditación del principio específica para cada caso, como la implementación de medidas de control basadas en una evaluación de riesgos estructurada, tipo EFS/FSA. Es importante señalar que ALARP no representa la existencia de riesgo cero. En consecuencia, incluso una vez que los riesgos se reducen al nivel ALARP, aún pueden ocurrir incidentes.

11. La aproximación al caso concreto de un buque sobre la base de los estudios EFS/FSA debe realizarse a partir del SCA Enfoque de la Seguridad del Caso. Un enfoque de caso de seguridad se aplica a un buque en particular, mientras que la evaluación formal de la seguridad está diseñada para ser aplicable a cuestiones de seguridad comunes a un tipo de buques. El enfoque del caso de seguridad debe identificar los aspectos críticos de la seguridad, tanto técnicos como de gestión, y concretar objetivamente que la operativa es segura con las acreditaciones pertinentes.

6
Las implicaciones jurídicas del código IGS

6.1 Introducción

Los efectos jurídicos del CIGS se describen desde una visión general de los puntos más críticos en su aplicación desde su entrada en vigor en 1998. De manera ilustrativa, se analizan aspectos como la limitación de responsabilidad, la navegabilidad, así como su relación con el seguro marítimo y otros contratos.

El capítulo se centra en el impacto que ha producido el Código en estos aspectos esenciales de la industria marítima, que, de una forma u otra, relacionan todos los elementos claves del negocio marítimo. Conviene advertir en estas primeras líneas de la preeminencia del derecho inglés, no solo porque, como es sabido, los principales contratos están sujetos al mismo (*Under English Law and Practice Law*), sino por la propia génesis del IGS nacida del derecho inglés y especialmente de sus criterios jurisprudenciales, a los que se prestará especial atención.

6.2 Los deberes jurídicos del naviero tras el Código: un nuevo estándar de navegabilidad

El Código, como ya ha sido comentado, modifica el tradicional estándar jurídico de la navegabilidad (*seaworthisness*) para ampliarlo: ya no se trata solo de la aptitud del casco del buque para la navegación o de que el mismo tenga una tripulación adecuada y cualificada, sino también que disponga y sea operado de acuerdo con un Sistema de gestión de seguridad (SGS) aprobado y elaborado de acuerdo con un proceso de evaluación de riesgo frente a los peligros probables de la navegación. Tal como afirma el profesor W. Tetley, el Código IGS ha introducido, virtualmente, un nuevo estándar internacional de navegabilidad.[1]

---

1   TETLEY, W.; *International Maritime and Admiralty Law*; *op. cit.* p. 290: "The [ISM] Code lays down a compulsory and comprehensive set of rules for both shipboard and shoreside vessel managers to observe in administering their ships and preventing marine pollution, virtually establishing a new international standard of seaworthiness".

La gestión operacional de la seguridad marítima se configura como un presupuesto esencial de la navegabilidad.

La obligación legal esencial del Código Internacional de Gestión de la Seguridad es que el propietario del buque o cualquier otra organización o persona que haya asumido la responsabilidad de la operación del buque, (la "compañía", tal como se define en el Código), debe desarrollar, implementar y sobre todo mantener un Sistema de Gestión de la Seguridad (SMS). El capítulo IX del SOLAS/1974/88 establece, en sus definiciones, la de *compañía,* entendiendo por tal «el propietario del buque o cualquier otra organización o persona, por ejemplo, el gestor naval o el fletador a casco desnudo, que al recibir del propietario la responsabilidad de la explotación del buque haya aceptado las obligaciones y responsabilidades estipuladas en el Código internacional de gestión de la seguridad» (V. Regla 1, cap. IX SOLAS). En efecto, esta definición tiene una gran importancia, porque sirve para identificar a la persona directamente responsable del cumplimiento de las prescripciones del Código, que no es otra que el armador o cualquier mandatario suyo que haya asumido, como parte de su mandato, la gestión operacional de la seguridad del buque.

Tanto la compañía como el buque (en clara alusión a las personas y organización a bordo) quedan obligados a cumplir las prescripciones del Código CIGS (Regla 3).

Dicho cumplimiento por parte de la compañía se acredita mediante un documento demostrativo, que será expedido por la Administración o por una organización reconocida por ella, y cuya copia deberá estar a bordo, de modo que el capitán, previo requerimiento, pueda mostrarlo para su verificación: el llamado en inglés *Document of Compliance* (DOC). (Regla 4.1 y 4.2, cap. IX SOLAS).

Por su parte, el cumplimiento de cada buque de la compañía se acreditará mediante un certificado llamado *Certificado de gestión de la seguridad*, expedido igualmente por la Administración o por una organización reconocida por ella. Este documento acredita que tanto la compañía como la gestión a bordo del buque se ajustan al sistema de gestión de la seguridad aprobado: el conocido en inglés como *Safety Management Certificate* (SMC) (Regla 4.3 cap. IX SOLAS).

Además de la Regla 3, las responsabilidades de la compañía quedan manifiestas a lo largo de todo el Código IGS y se pueden encontrar numerosas frases que mencionan las responsabilidades de la compañía, como:

– *"La compañía debe establecer procedimientos para la preparación de planes e instrucciones para operaciones clave a bordo relacionadas con la seguridad del buque y la protección contra la contaminación". "Las diversas tareas involucradas deben definirse y asignarse a personal cualificado"* (Regla 7, Código IGS)

– *"La compañía debe establecer procedimientos para identificar, describir y responder a posibles situaciones de emergencia a bordo"* (Regla 8)

– *"La compañía debe establecer y mantener procedimientos para controlar todos los documentos y datos que sean relevantes para el SGS"* (Regla 11).

Como se puede ver la mención "debe" está omnipresente en la norma, referida en exclusiva a la compañía.

Por último, se ha de designar a una o más personas para que actúen como enlace entre el buque y tierra, y supervisen el funcionamiento de cada unidad (DPA, Regla 4). A estas personas se les deben proporcionar los recursos y el apoyo adecuados. No solo deben facilitar la comunicación entre el buque y la empresa, sino también supervisar el correcto funcionamiento del Sistema de Gestión de cada buque y su seguimiento (acciones correctoras, auditorías, etc.).

Este conjunto de obligaciones conlleva toda una suerte de efectos jurídicos que afectan a las instituciones más importantes del derecho marítimo.

6.3   La limitación de la responsabilidad del naviero

La limitación legal de la responsabilidad de los propietarios de buques por pérdidas o daños derivados de la explotación del buque tiene una larga tradición en el derecho marítimo. En su concepción clásica, la limitación de responsabilidad ha sido un beneficio que, por razones de política legislativa, las naciones marítimas han concedido al armador, dispensándole un tratamiento más favorable que al del empresario ordinario. Hablamos de un auténtico privilegio legal, que excepciona la responsabilidad patrimonial universal y los principios de nuestro derecho civil, que es cuestionado, desde diferentes posiciones, como anacrónico en el momento actual.[2]

6.3.1   La limitación de responsabilidad bajo el Convenio de Limitación de 1976 (LLMC 1976).

Con el precedente del Convenio de 1957, el régimen actual es el Convenio de 1976 sobre Limitación de la Responsabilidad por Reclamaciones Marítimas

---

2   La actividad marítima ha estado históricamente asociada a riesgos exorbitantes; sobre esa base, los diferentes ordenamientos han reconocido al naviero el beneficio de la limitación de responsabilidad, cuestionado en la actualidad. Ver una perspectiva completa sobre la cuestión en el derecho español: GONZALEZ CABRERA, I. (2002) *La limitación de la responsabilidad del naviero: análisis del derecho vigente*; (Disponible en: http://hdl.handle.net/10553/2137).

(LLMC 1976), que se convierte en el referente internacional para la responsabilidad extracontractual.[3] [4]

La diferencia existente entre estos convenios es que el de 1957 establecía límites más bajos, pero era más fácil para un demandante impugnarlos y superarlos. Por el contrario, el Convenio de 1976 establece cuantías más altas (aumentadas sustancialmente con la entrada en vigor de los Protocolos de 1996 LLMC/PROT/96), pero son considerablemente más difíciles de impugnar.[5]

El artículo 4 del Convenio fue redactado intencionalmente para dificultar todavía más la pérdida del derecho a la limitación de responsabilidad, como contrapeso a los límites sustancialmente más altos introducidos por el convenio.

El artículo 4 establece la conducta que excluye el derecho a la limitación:

> *La persona responsable no tendrá derecho a limitar su responsabilidad si se prueba que el perjuicio fue ocasionado por una acción o una omisión suyas y que incurrió en estas con intención de causar ese perjuicio, o bien temerariamente y a sabiendas de que probablemente se originaría tal perjuicio.*

Es evidente que, bajo el nuevo sistema de limitación, se requiere una carga de la prueba más exigente para romper la limitación en comparación con el sistema anterior del Convenio de 1957. Para que un reclamante pueda obviar la limitación, el artículo 4 no solo exige que se pruebe que la pérdida reclamada fue consecuencia de un acto u omisión personal de la persona jurídica propietaria del buque, sino también que dicho acto u omisión fue cometido con "la intención de causar dicha pérdida o de manera temeraria", con conocimiento de que probablemente ocurriría (lo que en nuestro derecho se corresponde con el "dolo directo" o "dolo eventual").

En otras palabras, para eludir la limitación, la empresa debe haber anticipado la probabilidad de la pérdida, y aun así actuar o dejar de actuar, con independencia de dicha probabilidad. Por lo tanto, la mera negligencia o incluso la negligencia grave ya no son suficientes para eludir el derecho a la limitación. Para

---

3   En el derecho español: Instrumento de Ratificación del Convenio sobre limitación de la responsabilidad nacida de reclamaciones de derecho marítimo, Londres, 19 de noviembre de 1976 (BOE 27 diciembre 1986); Instrumento de Adhesión de España al Protocolo de 1996 que enmienda el Convenio sobre limitación de la responsabilidad nacida de reclamaciones de Derecho Marítimo, 1976, Londres, 2 de mayo de 1996 (BOE 28 febrero 2005).

4   Instrumento de Ratificación del Convenio Internacional relativo a la limitación de la responsabilidad de los propietarios de buques que navegan por alta mar, firmado en Bruselas, 10 de octubre de 1957 (BOE 21 julio 1970).

5   Protocolo de 1996 que enmienda el Convenio sobre limitación de la responsabilidad nacida de reclamaciones de Derecho Marítimo, 1976, Londres, 2 de mayo de 1996 (LLMC/PROT/96).

que se pierda el derecho, debe haber intencionalidad de causar la pérdida o daño, o temeridad.

El Convenio de 1976 establece expresamente que solo el acto u omisión "personal" de la persona responsable eliminará el derecho a limitar. Sin embargo, aún es necesario considerar, en el caso de corporaciones o grandes empresas, de quién se predicará dicho acto u omisión como "personal" para que pueda excluir el derecho a limitar. Por lo tanto, parece que el concepto de *alter ego* —que desarrollaremos más adelante—, adoptado de las disposiciones de la antigua ley inglesa de Navegación Mercante de 1894, debería aplicarse para determinar quién es la persona cuyos actos u omisiones han de ser considerados como actos u omisiones de la propia empresa.

6.3.2 Limitación de la responsabilidad en casos de contaminación por derrames de hidrocarburos

Similar reflexión merece la determinación de la pérdida del derecho a limitar la responsabilidad del armador por contaminación causada por derrames de hidrocarburos, bajo el régimen de la Convención CLC de 1969 y la nueva Convención de 1992. En ambos instrumentos internacionales, se consagran textos sobre la pérdida del derecho a los límites indemnizatorios parecidos a los que se han comentado en relación con las convenciones sobre limitación de la responsabilidad del armador de 1957 y 1976. Si bien en el nuevo convenio de limitación de responsabilidad por derrames de hidrocarburos de 1992 se hace más estricta la posibilidad de romper los límites —con la misma fórmula del convenio de 1976—, en ambos casos la prueba del *alter ego* de la compañía resultará plenamente aplicable.

En este punto, conviene resaltar cómo el Código IGS, al referirse a la seguridad operacional de la nave, siempre incluye el concepto de *contaminación marina* como uno de los objetivos perseguidos por el sistema de seguridad. Por lo tanto, lo dicho respecto de las *personas designadas* expresamente por el armador para supervisar y apoyar en tierra al capitán del buque, y que podrían ser consideradas como el *alter ego* de la compañía, es también aplicable en cuanto a las medidas de seguridad dirigidas a prevenir la contaminación marina. (Reglas 1.2, 1.4, 3.2, 4 y 5.2. Código IGS).

6.3.3 El antiguo estándar de la "culpa o conocimiento efectivo"

El estándar de "culpa o conocimiento efectivo" existía en el Convenio de 1957. Este convenio ya no está en vigor, pero tiene un cierto valor configurativo para ayudar a entender el momento actual. El derecho a limitar la responsabilidad, según el Convenio de 1957, se otorgaba al propietario del buque "a menos que el suceso que dio lugar a la reclamación sea resultado de la culpa o el conocimiento efectivo del propietario". La justificación de su tratamiento en el momento presente radica en su carácter de precedente sobre la base del caso Lennard's (1915) en los trabajos del CIGS y en la doctrina del *alter ego* comentada a continuación.

En el derecho inglés, la carga de demostrar la ausencia de culpa o conocimiento efectivo recaía en el armador, mientras que los sistemas de derecho civil europeos han asignado la carga de probar la existencia de culpa o conocimiento efectivo en el reclamante que busca superar la limitación.

El significado de *culpa o conocimiento efectivo del propietario* ha sido objeto de numerosos litigios ante los tribunales ingleses. El problema principal reside en determinar quién, en términos legales, constituye el "propietario". En la mayoría de los países que adoptaron el Convenio, el problema se resolvió mediante el desarrollo del concepto de la doctrina del *alter ego*. Este concepto surgió por primera vez en el Reino Unido en el caso de Lennard's Carrying Co, en el que el tribunal tuvo que considerar el problema en el contexto de la antigua Ley de Navegación Mercante de 1894.[6]

---

6   Lennard's Carrying Co Ltd v Asiatic Petroleum Co Ltd [1915] AC 705 es una conocida sentencia de la Cámara de los Lores sobre la posibilidad de imputar responsabilidad a una corporación. La decisión amplía la decisión anterior en Salomon v Salomon & Co [1897] AC 22 e introdujo por primera vez la teoría del *alter ego* de la responsabilidad corporativa.

Antecedentes fácticos: un barco propiedad de Lennard's Carrying Co transportaba mercancías en un viaje desde Novorossiysk a la Asiatic Petroleum Company, una empresa conjunta de las compañías petroleras Shell y Royal Dutch. El barco se hundió y se perdió la carga. El juez determinó que el director, el Sr. Lennard, sabía o debería haber sabido acerca de los defectos en el barco, lo que provocó que su caldera se incendiara y, en última instancia, se hundiera el barco. Había una exención de responsabilidad en la sección 502 de la Ley de Marina Mercante de 1894 que establecía que el propietario de un barco no sería responsable de las pérdidas si un evento ocurría sin "culpa real o falta (*privity*)". Asiatic Petroleum Co Ltd demandó a la compañía del Sr. Lennard por negligencia en virtud de esa base. La cuestión era si los actos culpables de un director se podían atribuir a la corporación. Lennard's Carrying Co Ltd argumentó que no era responsable y que podía estar exenta en virtud de la sección 502.

La Cámara de los Lores sostuvo que se podía imponer responsabilidad a una corporación por los actos de los directores porque existe una presunción refutable de que los directores son las mentes dirigentes de la compañía. En este caso, el Sr. Lennard no refutó la presunción. El vizconde Haldane explicó el principio de la "mente dirigente" de la responsabilidad corporativa:

"...una corporación es una abstracción. No tiene mente propia, como tampoco tiene cuerpo propio; su voluntad activa y directiva debe buscarse, en consecuencia, en la persona de alguien que, para ciertos fines, puede llamarse agente, pero que es en realidad la mente y la voluntad directivas de la corporación, el ego y centro mismo de la personalidad de la corporación. En un caso como el presente, la interpretación correcta de esa sección debe ser que la falta o la confidencialidad es la falta o la confidencialidad de alguien que no es simplemente un sirviente o agente por quien la compañía es responsable en virtud del principio de responsabilidad superior, sino alguien por quien la compañía es responsable porque su acción es la acción misma de la compañía. No basta con que la falta sea la de un sirviente para exonerar al propietario, la falta también debe ser una que no sea culpa del propietario, o una falta de la que el propietario sea consciente; y considero

El tribunal determinó que, según la verdadera interpretación del artículo 503 de la Ley de Navegación Mercante de 1894, la "culpa o conocimiento efectivo" debe ser atribuible a alguien que no sea meramente un empleado o agente por el cual la empresa es responsable, sino a alguien cuya acción sea de hecho la propia acción de la empresa. La Corte en Lennard's fue muy clara:

De alguien que no es simplemente un sirviente o agente por quien la compañía es responsable en virtud del principio de superior jerarquía, sino alguien por quien la compañía es responsable porque su acción es la acción misma de la compañía.

Sobre la base del precedente de Lennard's, la "culpa efectiva" de una empresa naviera incluye, en el derecho inglés:

- Una culpa imputada directamente al consejo de administración.

- La culpa de un *alter ego* acreditado, que no necesita ser miembro del consejo.

- La culpa de una persona, sociedad o empresa que sea un gestor registrado del buque o a quien se le haya delegado íntegramente la gestión.

Las culpas de otras personas no serán consideradas como culpa efectiva de la empresa, pero si la delegación de responsabilidades fue defectuosa o insuficientemente ejecutada, el acto de delegación en sí podría considerarse como culpa efectiva de la empresa naviera.

El *conocimiento efectivo* significa un conocimiento positivo real y también las situaciones de dejadez ("hacer la vista gorda", como dijo literalmente Lord Denning en el caso *Eurysthenes* en 1976).[7] Cuando hablamos del conocimiento efectivo del propietario, se utilizan muchas expresiones para describir a la persona que representa la entidad: frases como "la mente y voluntad directiva", o "la persona de la cual la empresa es responsable porque su acción es la misma acción de la empresa".

---

que cuando alguien establece esa sección para excusarse de las consecuencias normales de la máxima responsabilidad superior, la carga de hacerlo recae sobre él.

Al considerar el caso del propio Sr. Lennard, afirmó:

"...lo que se sabe con certeza es que el Sr. Lennard tomó parte activa en la gestión de este barco en nombre de los propietarios, y como he dicho, estaba registrado como la persona designada para este propósito en el registro del barco. El Sr. Lennard, por lo tanto, era la persona natural para venir en nombre de los propietarios y dar testimonio completo, no solo sobre los hechos de los que he hablado, y que se relacionaban con la navegabilidad del barco, sino también sobre su propia posición y sobre si era o no el alma de la empresa. Porque si el Sr. Lennard era la mente directora de la empresa, entonces su acción debe haber sido, a menos que una corporación no sea responsable en absoluto, una acción que fuera la acción de la propia empresa.

7   Compania maritima San Basilio s.a. v. the Oceanus Mutual Underwriting Association (Bermuda) ltd. (The "Eurysthenes") [1976] 2 lloyd's rep 171. Ver capítulo 7 sobre este caso.

6.3.4 El "responsable personal", la teoría del *alter ego* en el derecho inglés

El artículo 4 del Convenio de 1976 (LLMC76) menciona el acto u omisión de un "responsable personal", término que abarca a todas las partes identificadas en el artículo 1, titulado:

Artículo 1. Personas con derecho a la limitación de responsabilidad:

1. Los propietarios de buques y los salvadores, tal como se les define a continuación, podrán limitar la responsabilidad nacida de las reclamaciones que se enumeran en el artículo 2, acogiéndose a las disposiciones del presente Convenio.

2. Por propietario*, se entenderá el propietario, el fletador, el gestor naval y el armador de un buque de navegación marítima.*

Por lo tanto, un "responsable personal" podría ser el propietario del buque, el fletador, el gestor náutico, el operador, el salvador o el asegurador de responsabilidad del buque, y también otras personas como:

Art.1.4. Si se promueven cualesquiera de las reclamaciones enunciadas en el artículo 2 contra cualquier persona de cuyas acciones, omisiones o negligencia sean responsables el propietario o el salvador, esa persona podrá invocar el derecho de limitación de la responsabilidad estipulado en el presente Convenio.

La pregunta clave en este punto es: ¿a quién podemos atribuir el acto "personal" que excluirá el derecho a limitar?

El acto personal de cualquiera de las personas mencionadas en el artículo 1 evitará que dicha persona limite su propia responsabilidad en el caso de una reclamación contra ella, pero no necesariamente priva del derecho de limitar a otras personas del mismo grupo en el caso de reclamaciones dirigidas contra ellas. Por ejemplo, si los daños surgieran como resultado del acto personal del gestor náutico del buque, este no podría limitar su responsabilidad en el caso de una reclamación exitosa contra su persona, mientras que el propietario del buque podría limitarla, ya que el acto u omisión no sería necesariamente "personal" para él.

Para romper los límites indemnizatorios del Convenio de limitación LLMC 76, conviene identificar a la persona responsable. La dificultad surge en el caso de personas jurídicas, respecto a las cuales es preciso analizar si la persona cuyo acto u omisión fue el causante del daño es realmente un *alter ego* de la compañía y, por ende, susceptible de comprometer el derecho de la empresa a limitar su responsabilidad.

El derecho inglés, en el caso de *The Lady Gwendolen*, 1965, confirmado por *The Marion*, 1984, ha creado la prueba precisa, mediante la formulación de las dos siguientes preguntas en cada caso concreto: [8] [9]

- ¿Quién es la persona que dirigía las operaciones durante el viaje en que se produjo el daño?

- ¿Si esa persona hubiese actuado en forma razonable, habría ocurrido el daño?

La primera pregunta permite identificar el *alter ego* de la empresa, mientras que la segunda busca calificar su actuación frente a los estándares de prudencia y diligencia, para determinar si hay lugar a la pérdida del derecho a invocar los límites indemnizatorios establecidos en la convención. Análogo criterio se ha seguido en *The Marion*, 1984. [10]

Con el Código IGS, resulta muy probable que la respuesta a la prueba del *Lady Gwendolen* sea mucho más fácil, en la medida en que el armador debe proporcionar toda la información en cuanto a "la responsabilidad, autoridad y

---

8   Ver el caso ya citado en el capítulo 1: *Arthur Guinness, Son & Co (Dublin) Ltd v. The Freshfield (Owners)* 1 Lloyd's Reports, 335, CA (1965). El *Lady Gwendolen*, el buque de los demandantes, abordó y hundió el buque *Freshfield*, que se encontraba anclado mientras navegaba por el canal de Crosby hacia Liverpool. La colisión fue causada por la negligencia del capitán del *Lady Gwendolen*. A pesar de la densa niebla que provocó una mala visibilidad desde el puente, el capitán del *Lady Gwendolen* navegó con el buque a toda velocidad por el canal, confiando en el radar con el que estaba equipado. Aunque el capitán admitió que no habría entrado en el canal señalizado sin el uso del radar y habría anclado fuera, no utilizó efectivamente el radar, ya que solo lo miraba de reojo de vez en cuando. Los demandantes admitieron su responsabilidad y solicitaron un decreto que limitara su responsabilidad en virtud del artículo 503 de la Ley de Marina Mercante de 1894 (la Ley de 1894). Los demandantes eran una empresa cervecera que también se dedicaba a actividades de tenencia de buques complementarias de su actividad principal. Los demandados argumentaron que los fallos en la navegación que llevaron a la colisión eran al menos parcialmente atribuibles a la falta de control adecuado por parte de la gerencia de los demandantes sobre el capitán y los buques. Argumentaron que esta falta de gestión existió en todos los niveles y que hasta el momento en que ocurrió la colisión, no había ningún control gerencial efectivo sobre la forma en que los capitanes de los buques de los demandantes navegaban.

9   Ver en ese sentido GUZMAN, J.V. (2007): *Seguridad en el mar: algunas implicaciones legales de los códigos IGS Y PBIB*. Revista@ e – Mercatoria, volumen 6, número 2 (2007).

10 Ver *Grand Champion Tankers v Norpip AIS* (*The Marion*) [1984] A.C. 563. El *Marion* fondeó anclas cerca de Hartlepool y chocaron con un oleoducto sumergido, lo que ocasionó daños por los que se reclamaron más de 25.000.000 de dólares estadounidenses. Los propietarios intentaron limitar su responsabilidad a 982.292,06 dólares estadounidenses en virtud de la Ley de Marina Mercante. El incidente se produjo porque el capitán estaba utilizando un mapa obsoleto y sin corregir que no marcaba el oleoducto. Tenía a bordo un mapa más reciente que sí lo hacía, pero no lo estaba utilizando: de hecho, posteriormente llevó el barco a Hartlepool y cuando se fue todavía estaba utilizando el mapa antiguo. Como el barco estaba, de hecho, correctamente equipado a este respecto, la falta de los propietarios, si la hubo, consistió en no haber mantenido una supervisión efectiva. Esta deficiencia se manifestaba ampliamente de dos maneras: ausencia de funcionamiento de un sistema adecuado para mantener actualizados los mapas a bordo, ya sea mediante reemplazo o corrección; y el incumplimiento por parte del director gerente de asegurarse de que se le comunicara un informe de la inspección marítima, en el que se hacía referencia al estado insatisfactorio de las cartas de navegación del buque, mientras estuvo ausente durante períodos considerables en Grecia. Se consideró que los propietarios no tenían derecho a limitar la indemnización.

dependencia de todo el personal que dirija, ejecute y verifique las actividades relacionadas con la seguridad y la prevención de la contaminación" (R. 3.2, Código IGS), hablamos de un *sistema transparente*. Si bien es cierto que el Código IGS enfatiza que la autoridad recae en el capitán del buque para adoptar todas las decisiones en materia de seguridad y prevención de la contaminación marina (R. 5.2, Código IGS), es preciso advertir que la compañía que explota el buque tiene la obligación de designar "a una o varias personas en tierra directamente ligadas a la dirección, cuya responsabilidad y autoridad les permita supervisar los aspectos operacionales del buque que afecten la seguridad y la prevención de la contaminación, así como garantizar que se habilitan recursos suficientes y el debido apoyo en tierra" (R. 4, Código IGS).

Referencia especial a *la persona designada* (DPA)

La referencia a la *persona designada* aparece por primera vez en el caso Lennard's (1915), ya comentado anteriormente. Dicho precedente judicial y otros posteriores han conformado esta figura, absolutamente novedosa en el derecho comparado, salvo en el derecho inglés.

Como se establece en el Código IGS, cada compañía debe designar una o más personas en tierra que tengan acceso directo al nivel más alto de gestión para garantizar la operación segura de cada buque y proporcionar un vínculo entre la compañía y las personas a bordo (R. 4 del Código). Con ello, se elimina la distinción existente entre los actos generadores de daños, imputables al capitán y demás miembros de la dotación del buque, y actos generadores de daños directamente imputables al armador, con los consiguientes y graves efectos en materia de responsabilidad. En el derecho inglés, los actos del capitán del buque no pueden atribuirse al armador a efectos de probar la acción u omisión personal del armador en virtud del artículo 4 del LLMC de 1976.

Sin embargo, debido a la condición especial de la *persona designada*, esta deberá servir de vínculo entre la compañía y el buque. Deberá tener independencia y autoridad para informar sobre las deficiencias al más alto nivel de la dirección de la empresa. Los conocimientos, la experiencia y los registros de las personas designadas son muy importantes para la compañía. Es evidente que las actividades y los registros de las personas designadas y el desempeño del SGS pueden ser esenciales para el armador a la hora de establecer o rechazar acciones de responsabilidad.

Por su parte, en el derecho anglosajón es clásica la doctrina del *alter ego* (desarrollada con ocasión de la antigua Merchant Shipping Act, 1894, y el caso Lennard's ya citado). En su virtud, la *fault or privity* de una compañía se produce, no por los actos de cualquiera de sus empleados en tierra, sino solo por los de aquellas personas que ocupan una jerarquía en la organización empresarial y cuyas acciones son como si fuesen la propia compañía, debiendo entenderse por tales quienes, de hecho, tienen el control y la dirección y encarnan la voluntad de la compañía en el sector de la actividad donde se plantea la responsabilidad.[11]

Obviamente, la pregunta que se plantea es la de si la conducta de la "persona designada" es una conducta "personal" de la compañía o de uno de sus dependientes. Aunque el tema puede ser opinable, parece que los precedentes jurisprudenciales existentes (*The Lady Gwendolen* y *The Marion*) y los propios principios inspiradores del Código IGS avalan la identificación entre las conductas de la *persona designada* y las de la *compañía*. En la actualidad, no cabe otra opción interpretativa al respecto.

6.3.5   "Intención de causar dicha pérdida"

Queda claro a partir de estas palabras que, para privar al "responsable personal" de su derecho a limitar, debe probarse que tenía la intención de causar la pérdida.

No es suficiente demostrar que una persona razonablemente competente no podría haber concluido que su acto u omisión causaría la pérdida. Se debe demostrar que el "responsable personal" mismo tenía la intención activa de causar la pérdida. Como hemos comentado, estamos ante un supuesto de "dolo directo": la actuación conlleva la búsqueda deliberada y consciente del resultado dañoso.

6.3.6   "De manera temeraria y con conocimiento de que probablemente ocurriría dicha pérdida"

El significado de la palabra *temeraria* o *temeridad* ha sido interpretado por los tribunales del Reino Unido en varios casos, como *R v. Caldwell* y *R v. Lawrence*. Implica una negligencia o total desprecio por las consecuencias, con el resultado de que se considera que el autor no tuvo en cuenta ni siquiera la probabilidad o posibilidad de un resultado probable y aun así realizo la acción.

Se puede buscar orientación en el caso Goldman v. Thai Airways International Ltd. (1983). El tribunal de apelación afirmó que la palabra "temeraria" debía interpretarse en el contexto del artículo 25 del Convenio de Varsovia junto con las palabras "y con conocimiento de que probablemente ocurriría el daño". El juez Eveleigh señaló:[12]

---

11   La expresión inglesa *fault or privity* se puede traducir como la "la falta concreta o culpa del propietario". Conviene advertir que no existe una traducción jurídica exacta al español del término *privity*; depende mucho del contexto, pero en general sirve para aludir a una relación entre dos partes reconocida por el derecho, es decir, a una relación con relevancia jurídica.

12   Ver en: https://www.cambridge.org/core/journals/international-law-reports/article/abs/goldman-v-thai-airways-international-ltd/F771A36ABAD1998BE97BFC6BCE07660B

> *Un acto puede ser temerario cuando implica riesgo, incluso si no se puede decir que el peligro previsto sea una consecuencia probable. Es suficiente que sea una posible consecuencia, aunque llega un punto en el que el riesgo es tan remoto que no se consideraría temerario asumirlo. Sin embargo, el artículo 25 no se refiere a la posibilidad, sino a la probabilidad de daño resultante. Por lo tanto, se requiere algo más que una posibilidad. La palabra* probable *es lo suficientemente común. Entiendo que significa algo que es probable que ocurra. Creo que eso es lo que se entiende en el artículo 25. En otras palabras, uno anticipa daño como resultado del acto u omisión.*

De hecho, no existe gran diferencia conceptual con nuestro "dolo eventual", entendiendo por tal cuando una persona es consciente de los daños y del resultado que se puede derivar de una cierta conducta, los acepta y sigue realizando esa acción. Es decir, que acepta el resultado como posible y probable y aun así decide continuar con la acción.

6.3.7   Los efectos del Código IGS

No resulta fácil eludir la limitación de responsabilidad bajo el Convenio de 1976 (LLMC 76). Independientemente de la posibilidad de intención deliberada, el reclamante debe demostrar que la pérdida resultó de un acto u omisión personal del propietario del buque, cometido de manera temeraria y con conocimiento de que probablemente ocurriría dicha pérdida, lo cual constituye un gran esfuerzo probatorio. En este aspecto, la proyección del CIGS está generando, como veremos, una apertura a tal posibilidad.

La Regla 4 del Código CIGS establece un vínculo entre la operación segura del buque y los niveles más altos de gestión en la compañía propietaria u operadora. Por lo tanto, cuando el acto ilícito en cuestión consiste en, o surge de, un incumplimiento del Código IGS, debería ser más fácil acreditar un "acto u omisión personal" por parte del propietario del buque, incluyendo a las *personas designadas*.

Sin embargo, el reclamante aún debe acreditar la "temeridad" y el "conocimiento de que probablemente ocurriría dicha pérdida". Si el propietario del buque no ha corregido una grave deficiencia a bordo, identificable a partir de los documentos que el Código requiere producir, los tribunales podrían contemplar la admisión de tales fallos como "temerarios".

6.4   El CIGS y sus efectos en la responsabilidad del armador del buque por pérdida o daño de las mercancías: la responsabilidad del naviero porteador

La limitación específica o contractual incluye las disposiciones de los diversos convenios internacionales que regulan el transporte de mercancías y pasajeros por mar, a saber: las Reglas de La Haya 1924, las Reglas de La Haya-Visby 24-68-79 y las Reglas Rotterdam 2008 para el transporte de mercancías, y el Convenio de Atenas 1974-2002 para el transporte de pasajeros.[13] Bajo esta categoría específica, también se incluyen otros regímenes establecidos por los convenios internacionales en relación con la contaminación por hidrocarburos, la responsabilidad nuclear y, más recientemente, el HNS 1996-2010.[14]

La característica de esta limitación es que se aplica a tipos particulares de reclamaciones. Las disposiciones de limitación específica o contractual se aplican, en términos generales, al "transportista" o "porteador", lo que incluye al propietario o al fletador que celebra un contrato con el cargador (Reglas de La Haya y La Haya-Visby) y a cualquier persona en cuyo nombre se haya celebrado un contrato con un cargador o que realice total o parcialmente el transporte. Aunque el Código Internacional de Gestión de la Seguridad (CGIS) no se ocupa directamente de cuestiones relacionadas con el transporte marítimo de mercancías, sí afectará a la forma en que se evalúa la responsabilidad del porteador en caso de pérdida o daño de la carga.

6.4.1 Los efectos del Código CIGS

El impacto del Código IGS sobre la responsabilidad del naviero bajo las Reglas de La Haya-Visby reside en el efecto que el Código tiene sobre la interacción entre la "obligación primordial" del artículo 3 (1) y la excepción de "negligencia de la tripulación" del artículo 4 (2).

El estándar de la debida diligencia:

La obligación fundamental del transportista (armador o fletador), en virtud de las Reglas de La Haya-Visby, es ejercer la debida diligencia para mantener el buque en condiciones de navegar y debidamente tripulado, equipado y abastecido. Esta responsabilidad se amplía claramente con la aplicación del Código CIGS. El artículo 3 de las Reglas de La Haya-Visby establece:

---

13   Las Reglas de La Haya y las Reglas de La Haya-Visby. El Convenio Internacional para la Unificación de Ciertas Reglas Relativas a los Conocimientos de Embarque (Reglas de La Haya) fue adoptado en 1924 y fue enmendado por el Protocolo de Enmiendas de Bruselas de 1968 y el Protocolo de 1979. El Convenio enmendado es conocido como las Reglas de La Haya-Visby. Las Reglas de La Haya-Visby han sido ratificadas por la mayoría de los países marítimos importantes. Esto genera una uniformidad virtual en la regulación de las reclamaciones legales más importantes que afectan a los conocimientos de embarque, incluyendo lo que un Conocimiento de Embarque debe contener y qué responsabilidad está asociada con la descripción de la carga. Los principios de las Reglas de La Haya o Reglas de La Haya-Visby han sido incorporados a la legislación nacional de varias maneras en estos países, entre ellos, España (LNM 2014). Aunque algunos países no han ratificado las Reglas de La Haya o las Reglas de La Haya-Visby, su legislación se basa en gran medida en ellas.

14   Convenio internacional sobre responsabilidad e indemnización de daños en relación con el transporte marítimo de sustancias nocivas y potencialmente peligrosas, 1996, y el Protocolo de 2010 relativo al Convenio.

El porteador estará obligado, antes y al comienzo del viaje, a ejercer la diligencia debida para:

1. Asegurar que el buque sea navegable.

2. Proveer al buque de la tripulación, equipo y suministros adecuados.

3. Asegurar que las bodegas, cámaras frigoríficas y demás partes del buque donde se transporten las mercancías estén en condiciones adecuadas para su recepción, transporte y conservación.

La *diligencia debida* también puede definirse como "no solo un esfuerzo loable o sincero, aunque infructuoso, sino un intento inteligente y eficiente que logre que el buque esté en condiciones de navegar en la medida en que la diligencia pueda servir" (Richardson, 1998, 20). Por lo tanto, no basta con alegar la mera buena voluntad. Las acciones al ejercer la diligencia debida se juzgarán según el estándar de exigencia rigurosa. Este estándar va a evolucionar en el tiempo y se desarrolla con la tecnología, métodos operativos y otros factores (Richardson, 1998).[15] Así, un armador puede defenderse con éxito ante el fallo inesperado de un componente que no se esperaba razonablemente que fallaría, pero la próxima vez que le ocurra una situación similar al mismo armador, el estándar de cuidado se habrá incrementado. El armador no puede defenderse diciendo que no sabía que la situación podría ocurrir. Nos encontramos ante un supuesto de *lex artis ad hoc*: la diligencia va a ir ligada a los últimos desarrollos tecnológicos y al estado del arte en ese momento.

La jurisprudencia anglosajona ha definido la navegabilidad y su prueba en sus fallos; pese a su vejez y antigüedad, operan como criterios ampliamente utilizados en el momento actual (*Leading Cases*):

En *Dixon v. Sadler* (1835) 151 E.R. 172, se definió la navegabilidad como:[16]"...el buque deberá estar en condiciones adecuadas en cuanto a reparaciones, equipamiento y tripulación, y en todos los demás aspectos, para enfrentar los peligros ordinarios del viaje".

La prueba de navegabilidad bien definida se encuentra en *McFadden v. Blue Star Line* (1905),[17] que formula la pregunta clave:

> *Un buque debe tener el grado de aptitud que un propietario cuidadoso y prudente exigiría que su buque tuviera al comienzo de su viaje, teniendo en cuenta todas las circunstancias probables del mismo... ¿Un propietario*

---

15   Ver RICHARDSON, J. (1998) *The Hague and Hague-Visby Rules*. Ed. LLP, London.

16   Ver *Dixon v. Sadler* (1835) 151 E.R. 172. En el caso, la navegabilidad se definió como: "el buque deberá estar en condiciones adecuadas en cuanto a reparaciones, equipamiento y tripulación y en todos los demás aspectos para enfrentar los peligros ordinarios del viaje".

17 McFadden v. Blue Star Line [1905] 1 K.B. 697.

prudente habría exigido que se subsanara (es decir, el defecto) antes de enviar su buque al mar, si hubiera sabido de ello? Si lo hubiera sabido, el buque no estaba en condiciones de navegar.

En igual sentido, el artículo 3.1 de las Reglas de La Haya-Visby define en detalle la navegabilidad: en primer lugar, la navegabilidad física del buque en sí mismo, es decir, la forma física del buque, que debe ser apta en todos los aspectos para realizar el viaje previsto, la dotación del buque, lo que implica una tripulación competente, la idoneidad de los equipos y los suministros del buque. En segundo lugar, la navegabilidad de la carga, es decir, que las bodegas, las cámaras de refrigeración y frío y todas las demás partes del buque en las que se transportan las mercancías sean aptas y seguras para su recepción, transporte y conservación (*cargoworthiness*). De la definición, se desprende claramente que el buque debe ser apto para el viaje previsto para soportar los peligros del mar. Cuando el destinatario recibe la carga en mal estado, es responsabilidad del porteador demostrar que no es responsable del daño o la pérdida. Por su parte, el armador debe demostrar que actuó con la debida diligencia al proporcionar un buque en condiciones de navegar y que el daño o la pérdida se debió a una o más de las exenciones previstas en el artículo 4.2 de las Reglas de La Haya-Visby. Si el propietario del buque no acredita la debida diligencia, será responsable de los daños y pérdidas de la carga.[18]

El caso *CMA CGM Libra*[19] (*The CMA CGM LIBRA [2020]* EWCA Civ 293)

Este caso absolutamente actual examina la obligación de observar una diligencia razonable para mantener el buque en estado navegable y guarda un cierto parecido fáctico con *The Marion* (1984). El error en la planificación del viaje causa la innavegabilidad del buque, su importancia cualitativa radica en el concepto amplio de *navegabilidad*, que al igual que en *The Marion*, no se limita al buque,

---

18 Cfr. RHY Art. 4, 1 y 2:

    1. Ni el porteador ni el buque serán responsables de las pérdidas o daños que provengan o resulten de la falta de condiciones del buque para navegar, a menos que sea imputable a falta de la debida diligencia por parte del porteador para poner el buque en buen estado para navegar o para asegurar al buque el armamento, equipo o aprovisionamientos convenientes, o para limpiar o poner en buen estado las bodegas, cámaras frías y frigoríficas, y todos los otros lugares del buque donde las mercancías se cargan, de manera que sean apropiadas a la recepción, transporte y conservación de las mercancías, todo conforme a las prescripciones del art. 3, párrafo primero. Siempre que resulte una pérdida o daño del mal estado del buque para navegar, las costas de la prueba, en lo que concierne a haber empleado la razonable diligencia, serán de cuenta del porteador o de cualquier otra persona a quien beneficie la exoneración prevista en el presente artículo.

    2. Ni el porteador ni el buque serán responsables por pérdida o daño que resulten o provengan:

        a) De actos, negligencia o falta del capitán, marinero, piloto o del personal destinado por el porteador a la navegación o a la administración del buque.

19 Ver *CMA CGM LIBRA* [2019] EWHC 481 (Admlty) (8 de marzo de 2019); https://www.hfw.com/insights/the-time-for-hiding-behind-the-ism-may-be-over-jun-19/. La sentencia del Tribunal Supremo (*House of Lords*) es del 2020: *The CMA CGM LIBRA* [2020] EWCA Civ 293.

sino a una adecuada preparación del viaje e incide directamente en los principios del Código.

Los hechos se remontan a mayo de 2011, cuando el buque *CMA CGM LIBRA* embarrancó al salir del puerto de Xiamen (China), declarándose avería gruesa. Los aseguradores de la carga impugnaron dicha declaración alegando que el incidente fue debido a un error en el plan de viaje. Demostraron que el armador no había tenido en cuenta un aviso de que las medidas y calados que aparecían en las cartas de navegación no eran del todo precisos, y que aquellas aguas eran menos profundas de lo que se decía en las cartas. El armador, por su parte, alegaba que un error en la planificación del viaje no afectaba ni limitaba la navegabilidad, y que la navegabilidad es una cualidad propia y exclusiva del buque.

La Corte de Apelación inglesa desestimó los argumentos del armador. En general, los errores en la navegación del buque y en la gestión del viaje afectan al estado de navegabilidad cuando tienen lugar antes del inicio del viaje o en el momento de su comienzo. Es irrelevante si tales errores son de carácter técnico o son debidos al factor humano. Un error en el plan de navegación o en el uso de las cartas náuticas afecta directamente a la navegabilidad del buque, ya que tales elementos se consideran atributos del buque.

El armador argumentaba que, aun en el caso de que el buque incurriera en situación de innavegabilidad, no había habido negligencia (o falta de diligencia) que fuera atribuible al porteador, sino solamente al capitán y la tripulación. La Corte rechazó también este argumento, ya que los actos de la tripulación durante la planificación del viaje deben considerarse actos propios del naviero, de los cuales el armador es directamente responsable en virtud del artículo 3.1 de las Reglas de La Haya.

Resulta pertinente recordar que el fallo invoca expresamente la definición y prueba de navegabilidad establecida en *McFadden v. Blue Star Line* (1905):

> *¿Un naviero prudente habría exigido que [el defecto pertinente] se subsanara antes de enviar su buque al mar, si lo hubiese conocido previamente?*

> *El grado de buen estado que un propietario prudente y cuidadoso exigiría que tuviera su buque al comienzo del viaje, teniendo en cuenta todas las circunstancias probables del mismo.*

Desde este punto de vista, dado que ningún naviero prudente enviaría conscientemente su buque al mar con un plan de navegación erróneo y con unas cartas defectuosas que no estaban actualizadas, resulta evidente que el buque no estaba en condiciones de navegar al comienzo del viaje.

La posición del *common law* es que la obligación de navegabilidad debe estar implícita en todo contrato de transporte. En la mayoría de los contratos de fletamento, esta obligación implícita se refuerza con una cláusula expresa en el mismo sentido, que indica que el buque fletado debe estar "en buen estado, seguro y fuerte y en todos los aspectos apto para el viaje" o palabras similares. La obligación de navegabilidad es absoluta en el *common law*. Si el contrato de fletamento y/o los conocimientos de embarque incorporan las Reglas de La Haya-Visby, entonces esa obligación absoluta de navegabilidad se altera en favor de una obligación de diligencia debida.

La obligación de mantener el buque en condiciones de navegar no puede delegarse en otra persona para eludir la responsabilidad. Si esa otra persona no actúa con la diligencia debida, el propietario del buque es responsable de ese incumplimiento, según el precedente del *The Muncaster Castle* [1961] AC 807,[20] confirmado recientemente el criterio en *Eridania SpA & others v. Rudolf A. Oetker & others* (2000) 2 Lloyd's Rep. 191.

Las consecuencias jurídicas del caso *CMA CGM LIBRA*

Después de estudiar los principios clave de la navegabilidad y el CIGS, analizaremos estos dos principios en el contexto del caso *Libra* y lo que esto significa para los navieros y las aseguradoras en la práctica.

---

20   Ver *Riverstone Meat Co Pty Ltd v Lancashire Shipping Co Ltd* (*The Muncaster Castle*) [1959] 1 QB. Los propietarios de los buques/demandados habían admitido la falta de navegabilidad, pero afirmaban su no responsabilidad en virtud del artículo 3.1.a de las Reglas de La Haya porque habían ejercido la debida diligencia para que su buque fuera apto para navegar. La falta de navegabilidad había sido resultado de la negligencia de un instalador empleado por los reparadores de buques competentes contratados por los demandados para completar las inspecciones de su buque. Las inspecciones realizadas de conformidad con la práctica prudente ordinaria no habrían revelado que las tuercas de las tapas de inspección sobre las válvulas de tormenta en los conductos de los imbornales pudieran aflojarse y permitir que entrara agua en la bodega de carga. Los demandantes argumentaron que el artículo 3.1 de las Reglas de La Haya imponía a los demandados una obligación personal que no podía delegarse. Los demandantes destacaron que los demandados eran responsables, aunque la negligencia fuera la de un empleado de un contratista independiente. El artículo 3.1 de las Reglas de La Haya define claramente el deber del demandado. Se trata de un deber obligatorio e incondicional que recae sobre el porteador. El contenido de este deber variará según las circunstancias de cada caso, pero la medida del deber es la misma. No existe una distinción práctica entre las obligaciones de "debida diligencia" (artículo 3.1 de las Reglas de La Haya) y las de "cuidado razonable", que la ley impone, por ejemplo, al depositario en favor del depositante. La obligación que establece el artículo 3.1.a de las Reglas de La Haya es la de ejercer la debida diligencia, no la de garantizar que se ha ejercido dicha diligencia. Como indica el artículo 4.1 de las Reglas de La Haya, lo que está en cuestión es la diligencia del porteador, responsabilidad de ejercerla que sigue recayendo en el porteador, aunque gran parte del trabajo recaiga en sus empleados y agentes. Las palabras "por parte del porteador" son lo suficientemente amplias como para hacer responsable al porteador de la falta de debida diligencia por parte de sus propios empleados, cualquiera que sea la tarea en la que estén involucrados. Los demandados tenían la carga de probar que habían ejercido la debida diligencia. El ejercicio de la debida diligencia no impide en todos los casos que el buque no sea apto para navegar.

1. *El Código Internacional de Gestión de la Seguridad (IGS) y la planificación de la derrota*

La negligencia de la tripulación es un "riesgo aceptado" según las Reglas de La Haya-Visby; pero la incompetencia no lo es. Por ejemplo, si un buque encalla, la carga de la prueba recae sobre el reclamante, que debe demostrar que el buque no era navegable y que esa falta de condiciones causó el incidente. Si cumple con esa prueba, la carga pasa a los propietarios, que deben demostrar que ellos y aquellos por quienes son responsables ejercieron la debida diligencia para que el buque estuviera en condiciones de navegar en los aspectos pertinentes y que el incidente ocurrió a pesar de haber ejercido la debida diligencia.

Una de las formas en que los propietarios podían intentar demostrar su diligencia era demostrar que se habían establecido los procedimientos correctos de la compañía para asesorar al capitán y a los oficiales sobre las mejores prácticas para preparar un plan de viaje y realizar una guardia de navegación. En otras palabras, los propietarios debían demostrar que cumplían con el código IGS y que proporcionaban al buque un sistema de gestión de seguridad (SMS) adecuado, y que se podía mostrar una trazabilidad documental del mismo. Así ha sido durante varios años.

En el caso de 2019 de *CMA CGM Libra*, el juez Teare dictaminó que el plan de navegación defectuoso hacía que el buque no estuviera en condiciones de navegar.

El juez Teare sugirió que se había reconocido desde hacía tiempo que, para cumplir con el artículo 3, Regla 1 de las Reglas de La Haya-Visby se debe seguir la prueba establecida de *McFadden v Blue Star Line* (1905) descrita anteriormente, en el sentido de que, si los propietarios hubieran sabido acerca del plan de navegación erróneo, lo habrían rectificado antes de enviar el buque al mar.

Aunque los armadores en este caso habían argumentado que la planificación de la derrota era parte de la navegación y no formaba parte de la navegabilidad del buque, esto no fue aceptado por el tribunal. Si bien los propietarios pueden haber sido diligentes en contar con un SMS como lo exige el IGS, no habían ejercido la debida diligencia al comienzo del viaje para garantizar que el buque estuviera en condiciones de navegar. El tribunal consideró que aquellos empleados o agentes en quienes el propietario confía para que el buque esté en condiciones de navegar deben demostrar que lo han hecho, ya que el deber no es delegable (*The Muncaster Castle*).

Además, el tribunal declaró:

Siempre que un propietario/operador haga a la mar un buque, debe recordar que tiene el deber de garantizar que ejerce la debida diligencia en lo que respecta a la seguridad de la tripulación, el buque, la carga y el medioambiente. Debido a la naturaleza indelegable de este deber, un propietario también debe asegurarse de que la navegabilidad sea una de las principales preocupaciones de sus empleados, agentes y tripulaciones al comienzo de cualquier viaje.

La rotundidad del pronunciamiento confirma la extraordinaria importancia del Código y de que el buque y la compañía tengan un SGS adecuado y con todas las garantías. No basta solo con disponer de un certificado acreditativo, el sistema de gestión de seguridad debe funcionar. El *CMA CGM Libra* es un claro recordatorio de la importancia de no solo proporcionar un SGS adecuado, sino también de garantizar y seguir apoyando y mejorando su implementación.

El caso *CMA CGM Libra* reitera la importancia del código IGS. La Regla 12 del código ISM exige que los armadores realicen auditorías internas de seguridad y evalúen periódicamente la eficacia del sistema de gestión de la seguridad. Los armadores deciden cómo hacerlo. Una opción podría ser un mayor control sobre la presentación del plan de navegación, como la presentación en línea del plan al jefe de flota. Otra opción es que los buques que recorran rutas recurrentes o líneas regulares consideren la posibilidad de elaborar planes personalizados, evaluados y controlados por la naviera. En cualquier caso, lo que está claro es que los capitanes y la tripulación deben tener presente la importancia de la planificación de la derrota, antes de comenzar el viaje.

Aunque el caso de *CMA CGM Libra* trata de una varada y, específicamente, la falta de áreas "prohibidas" sobre la carta náutica, cabe pensar que este fallo pueda extenderse a otras áreas de mala planificación de la navegación: estos podrían incluir cálculos incorrectos de espacios libres bajo la quilla, cálculos incorrectos de mareas, cálculos de espacio libre vertical y características de maniobra, por nombrar solo algunos otros supuestos similares.

La confianza excesiva en el simple hecho de contar con un SGS puede no ser suficiente para defender una reclamación por falta de navegabilidad contra los intereses de la carga.

2. *Navegabilidad y dotación adecuada*

Como ya se ha comentado, en virtud de las Reglas de La Haya-Visby, la responsabilidad del armador consiste en ejercer la debida diligencia para que el buque esté en condiciones de navegar. Para estarlo, un buque "debe tener el grado de aptitud que un armador ordinario, cuidadoso y prudente exigiría que su buque tuviera al iniciar su viaje, teniendo en cuenta todas las circunstancias probables del mismo". El propietario del buque debe mantener su buque en condiciones de diseño, estructura, estado y equipamiento (estado físico del buque y estado de las bodegas/tanques de carga) para afrontar los peligros ordinarios del viaje y contar con un capitán y una tripulación competentes y eficientes para cumplir los requisitos de las Reglas de La Haya-Visby.

Cuando se presente una reclamación por la carga, se planteará la cuestión de si el buque estaba en condiciones de navegar y si el porteador no cuidó bien las mercancías. El Código IGS tiene un impacto claro en estas cuestiones. En primer lugar, la norma objetiva de navegabilidad se pondrá a prueba en relación con los requisitos del Código y del capítulo IX del SOLAS. En segundo lugar, si existe un SGS satisfactorio, pero el propietario o el operador no lo han implementado, el buque no está en condiciones de navegar porque el SGS no se está implementando correctamente (en incumplimiento de la R. 3,1)[21] o el propietario del buque no ha cuidado adecuadamente la carga (R. 3,2 CIGS).[22]

En muchos casos, la no conformidad, que claramente es un incumplimiento de los requisitos especificados en el SGS del propietario del buque, se considerará como falta de navegabilidad. Por ejemplo, la R. 10 del Código trata del mantenimiento del buque y su equipo. Un sistema de mantenimiento preventivo planificado es aceptable de conformidad con el Código IGS. El trabajo de mantenimiento debe organizarse y llevarse a cabo con previsión, control y registro. Si las rutinas y los programas de mantenimiento no se establecen con antelación después de una consideración adecuada de lo que podría suceder, se considerará como falta de navegabilidad. Además, si el propietario del buque ha establecido un sistema de mantenimiento planificado que cumple con el Código IGS solo para que el buque pase la evaluación, pero el sistema no se ha implementado adecuadamente, el buque también puede considerarse como innavegable.

La innavegabilidad no se limita solo a que el buque no sea apto para afrontar los peligros del viaje debido a deficiencias físicas, sino que también incluye un buque con insuficiente tripulación o tripulación poco cualificada, es decir, simplemente un buque mal gestionado. Con el Código, ya no basta con que el armador seleccione y contrate tripulantes certificados y con buenos antecedentes y los coloque a bordo. Garantizar que cada buque esté dotado de marinos cualificados, certificados y en buen estado médico es solo una parte de las obligaciones del armador que se determinan en la Regla 6 del Código. El Código IGS establece además otros requisitos. El armador debe asegurarse de que cada integrante de

---

21 "Prescripciones relativas a la gestión de la seguridad: la compañía y el buque cumplirán las prescripciones del Código internacional de gestión de la seguridad. A los efectos de la presente regla, las prescripciones del Código serán tratadas como obligatorias".

22 "La compañía determinará y documentará la responsabilidad, autoridad e interdependencia de todo el personal que dirija, ejecute y verifique las actividades relacionadas con la seguridad y la prevención de la contaminación".

la dotación sea competente para desempeñar sus funciones y que todos actúen como un equipo. Esta competencia incluye la formación en las disposiciones del SGS de la compañía, así como la familiarización con las instrucciones que esta debe proporcionar antes de zarpar. Dicha información debe facilitarse en un idioma que pueda ser comprensible para cada persona a bordo. Además, la tripulación debe ser capaz de comunicarse eficazmente entre sí.

El armador también tiene la responsabilidad de proporcionar a los tripulantes toda la información e instrucciones necesarias sobre cómo manejar situaciones peligrosas, así como los procesos y medidas que se deben tomar para evitar que surjan problemas. En caso de emergencia, la tripulación debe seguir los procedimientos establecidos en el SGS. No obstante, si pese a actuar conforme a lo previsto surgen disfunciones, se puede demostrar que la compañía no definió adecuadamente el protocolo para ese tipo concreto de situación. Asimismo, si los procedimientos no se siguen y ello provoca daños o pérdida de carga, el naviero podría ser considerado responsable, ya sea por no haber capacitado debidamente a la dotación conforme al SGS o por no haber fomentado el cumplimiento de la política de la compañía.

La Regla 5.2 del Código IGS establece que el capitán tiene "la autoridad y la responsabilidad primordiales de tomar decisiones en materia de seguridad y prevención de la contaminación". Le otorga plena autoridad para tomar medidas en función de la situación real y de su experiencia, incluso si estas acciones se desvían de los procedimientos documentados de la compañía. Pero si su acción ha fracasado, el armador tiene que demostrar que la pérdida o el daño fue causado por negligencia de la tripulación para poder invocar la exención de responsabilidad.

La cuestión que se plantea ahora es si el incumplimiento de alguno de los requisitos del Código IGS hace que un buque no esté en condiciones de navegar. Para garantizar la consecución de estos objetivos, el Código ha concedido un sistema de certificación por el que solamente se expedirán certificados a una compañía, en concreto el CGS y el DOC, cuando se haya demostrado que se ha establecido un sistema seguro de gestión para el buque y que dicho sistema funciona a bordo del mismo. Solo cuando una compañía pueda demostrar que su gestión a bordo funciona de conformidad con el SGS aprobado, se expedirá un CGS (SMC) a cada buque. El Código IGS no se limita a los atributos físicos de un bucue, sino a la formulación e implantación de un sistema seguro de gestión y explotación de buques.

En el presente debate, nos preocupan tanto los aspectos documentales del Código como el hecho de que el armador no opere un buque seguro. Una compañía que, por cualquier motivo, no haya obtenido los documentos necesarios (DOC y SMC) cometería un incumplimiento del Código y podría ser penalizada por la autoridad competente con cualquier sanción que la legislación del Estado de abanderamiento considerara oportuna imponer.

La mera tenencia de certificados no es una prueba concluyente de navegabilidad. Esta es una cuestión de hecho y ningún tribunal permitiría que un tercero usurpara su poder y jurisdicción para investigar y determinar por sí mismo si un buque en particular está o no en condiciones de navegar.

Además, una idea de la tendencia que se seguirá en el futuro puede encontrarse en el caso *The Toledo* (1995), en el que el juez Clarke hizo mucho hincapié en la norma del "armador razonable". Dijo: "... el armador razonable habría apreciado el riesgo y habría establecido un sistema adecuado para la inspección, comprobación y reparación de las estructuras y soportes que sostienen el forro de las bodegas". Las partes relevantes de su sentencia son las siguientes:

> *Solo puede haber sido debido a un fallo por parte de los demandados y sus capitanes para establecer y aplicar un sistema adecuado de mantenimiento y reparación... [E]l sistema a bordo del* Toledo *y sus buques hermanos para la comprobación y reparación de sus partes internas era defectuoso porque no garantizaba que los daños fueran debidamente inspeccionados, controlados y reparados ... [Si] los demandados hubieran tenido y aplicado un sistema adecuado, el* Toledo *no habría estado en las condiciones en que se encontraba en St. John y el* Florenz *y el* William Shakespeare *no habrían estado en las condiciones en que se encontraron cuando fueron inspeccionados.*[23]*

Claramente, nos encontramos en otro momento: un buque que no se gestiona o explota de forma segura de conformidad con los términos del sistema de gestión de la seguridad aprobado "no está razonablemente facultado para afrontar los peligros ordinarios del mar" y, por lo tanto, no está en condiciones de navegar. No hay ninguna razón por la que la innavegabilidad no pueda adoptar la forma de una deficiencia en un sistema de gestión o explotación que incumpla los términos del Código IGS.

3. *La exención de responsabilidad por negligencia de la tripulación*

En virtud de las Reglas de La Haya-Visby (art. 4,2, a), el armador puede eximirse de responsabilidad por pérdidas o daños que surjan o resulten de la acción, negligencia o falta del capitán, marinero, práctico o empleados del porteador en la navegación o en la gestión del buque. Cuando una pérdida parece haber sido causada por negligencia de la tripulación, si el armador puede acreditar que los

---

23 Ver Lloyd's Rep 40 *The Toledo* [1995]. Es un ejemplo de cómo los tribunales ingleses siguen el mismo principio. El forro exterior del buque falló debido a la corrosión de los soportes. Esta clase de daño era común en este tipo de buques y bien conocido por el capitán, que no hizo nada al respecto. El agua de mar penetró en el buque, que finalmente fue hundido. El problema no se detectó durante la clasificación. El tribunal consideró que esto no era excusa. La deformación de las planchas era evidente y los propietarios no actuaron con la diligencia debida.

miembros de la tripulación estaban debidamente cualificados, sus antecedentes laborales sugieren que eran competentes y que el armador ha ejercido un cuidado razonable al seleccionar a dichos miembros, su exoneración puede resultar muy accesible. Con anterioridad al Código, había pocos incentivos para impugnar la defensa de la "negligencia de la tripulación" porque no había pruebas o eran muy difíciles que pudieran demostrar que el buque no estaba "adecuadamente tripulado" a los efectos del artículo 3 (b) de las Reglas de La Haya-Visby.

Pero con la introducción del Código IGS, el armador puede descubrir que no es tan sencillo invocar la "negligencia de la tripulación". Es probable que el Código tenga el efecto de reducir el número de casos en los que la negligencia de la tripulación se considere la única causa de una pérdida. En virtud de las Reglas de La Haya-Visby, el propietario del buque tiene la obligación de ejercer la debida diligencia para que el buque esté en condiciones de navegar y cuente con la tripulación, el equipo y los suministros adecuados.

El Código, como nueva norma de gestión de la seguridad define la "dotación adecuada" en la Regla 6.1:"para garantizar que cada buque esté dotado de marinos cualificados, certificados y en condiciones médicas adecuadas".

También establece otros requisitos en las Reglas 6.2 a 6.7 siguientes. Por lo tanto, si hay una reclamación relacionada con la carga que implique un error de la tripulación, el propietario del buque tendrá que demostrar que ha ejercido la debida diligencia para cumplir con todos los deberes exigidos por el Código IGS en la selección y formación de la tripulación. Se considerará que un error de un miembro de la tripulación se debe muy probablemente, total o parcialmente, a la falta de un sistema adecuado y/o de formación a bordo del buque. Si el propietario del buque no ha ejercido su responsabilidad para dotar al buque de una tripulación adecuada conforme al Código IGS, y esta falta es la causa de la pérdida o daño de la carga, la defensa basada en la "negligencia de la tripulación" será irrelevante.

4. Conclusión

La introducción del Código IGS amplía el concepto clásico de navegabilidad (*seaworthisness*) y modifica el estándar de "diligencia debida". Todo ello pondrá a prueba el Sistema de Gestión de Seguridad (SMS) del armador para el caso concreto. Generalmente, la debida diligencia de un propietario de un buque se juzgará con dos requisitos:

a) Se evaluará el contenido de su SGS para determinar si es un sistema capaz de garantizar la seguridad y la protección del medio marino. En este contexto, la evaluación de riesgos examinados realizada en el capítulo anterior desempeñará un papel fundamental (Regla 1.2.2.). Además, se analizarán y verificarán los riesgos probables de la navegación y si las medidas de prevención establecidas en su plan de emergencias son correctas para dichos riesgos (Regla 8).

b) En segundo lugar, se evaluará la aplicación del SGS, así como las acciones del armador para garantizar su aplicación. La falta de aplicación del Código o el incumplimiento de cualquiera de los requisitos particulares; por ejemplo, la falta de adopción de medidas para corregir un defecto identificado por la auditoría interna, será utilizado como prueba para que el demandante alegue la falta de diligencia debida del armador.

Conviene tener presente que la mera tenencia de un SGS y una certificación del CIGS (DOC-SMC) no acredita *per se* la acreditación de la navegabilidad. Igualmente, que la navegabilidad no es solo un predicado del buque, y especialmente a partir del CIGS. En este contexto, resulta muy ilustrativo el caso del *CMA CGM Libra* (2019).

El Código IGS establece normas para evaluar la diligencia debida, la navegabilidad y la operación segura del buque. El naviero tendrá que asumir la responsabilidad si no cumple con estas normas ni con su SGS en el momento del incidente. Igualmente, el gran volumen de documentos que genera el Código proporcionará al reclamante un mayor margen para establecer con precisión qué salió mal.

Sin embargo, si el buque cuenta con un SGS bien diseñado y aprobado, posee todos los documentos y certificados requeridos, y puede acreditar que el capitán y los miembros de la tripulación recibieron la formación adecuada, será sencillo argumentar que una acción en su contra no se debió a falta de navegabilidad, sino a un acto de negligencia por parte del capitán en la navegación o gestión del buque, por lo cual no sería responsable según las Reglas de La Haya-Visby .

6.5   Otros contratos: fletamentos

El rigor de la obligación de la navegabilidad en el derecho inglés o de la exigencia de la diligencia debida bajo las Reglas de La Haya-Visby (de carácter imperativo) se flexibiliza cuando hablamos de los fletamentos (*chartering*) en atención a su carácter pacticio.

En los contratos de fletamento, el propietario del buque puede negociar una cláusula expresa que excluya su responsabilidad por falta de navegabilidad o, como es más habitual, acordar incorporar las disposiciones de la COGSA 1971 en el fletamento y, frecuentemente, pactar mediante una Cláusula Paramount la aplicación del régimen de las Reglas de La Haya-Visby (RHV).

En el caso *Hong Kong Fir Shipping Ltd* contra *Kisen Kaisha* (1962) 2 QB 26, la negligencia del jefe y del Departamento de Máquinas dejó al buque en condiciones no aptas para navegar, y la demora consecuente en la entrega constituyó un incumplimiento grave. Sin embargo, en una sentencia controvertida, el tribunal sostuvo que el fletador no podía resolver el contrato y que solo tenía derecho a reclamar daños y perjuicios.[24]

Hechos

Los armadores fletaron el buque por un período de 24 meses. La cláusula 1 del contrato obligaba a los armadores a entregar un buque "en condiciones de navegar" y la cláusula 3 les imponía, además, la obligación de mantener la navegabilidad y el buen estado del buque. En el momento de la entrega inicial, se describió que la maquinaria del buque estaba en "condiciones razonablemente buenas", aunque requería un mantenimiento constante debido a su antigüedad. Sin embargo, el jefe de máquinas del armador resultó ser ineficiente e incompetente, lo que provocó numerosas averías y retrasos. Los fletadores rechazaron el contrato, alegando un incumplimiento de las obligaciones de entrega y mantenimiento de un buque en condiciones de navegar.

Cuestiones

1. Si la obligación de navegabilidad constituía una "condición" del contrato, cuyo incumplimiento faculta a la parte a resolverlo.

2. Si el incumplimiento causaba demoras de grado suficiente para facultar al fletador a resolver el contrato.

Decisión

En cuanto a los hechos, el tribunal sostuvo que la cláusula de navegabilidad y mantenimiento no se consideró tan fundamental como para constituir una condición del contrato, sino que se trataba más bien de una cláusula que permitía reclamar solo daños y perjuicios. Además, el tribunal sostuvo que la parte inocente no puede resolver el contrato únicamente por demoras, por significativas que sean, si el incumplimiento no llega a frustrar del contrato y hacer imposible el cumplimiento.

6.6 El capitán del buque y el CIGS

En este apartado se destaca un aspecto clave: la responsabilidad del capitán tras la entrada en vigor del CIGS, especialmente en el ámbito punitivo, que comprende la responsabilidad penal y la responsabilidad frente a os ilícitos administrativos (derecho administrativo sancionador). La responsabilidad civil corresponde al naviero (art. 149 LNM) y de manera similar en el derecho

---

24 Ver el caso en: https://www.lawteacher.net/cases/hong-kong-fir-shipping-co-v-kawasaki-kisen-kaisha.php; https://en.wikipedia.org/wiki/Hong_Kong_Fir_Shipping_Co_Ltd_v_Kawasaki_Kisen_Kaisha_Ltd

comparado, por lo que se excluye del presente apartado, sin perjuicio de la responsabilidad civil *ex delicto*.

El capitán sigue siendo la máxima autoridad a bordo y el CIGS lo refuerza especialmente en su Regla 5, lo que resulta coherente con todo el derecho marítimo internacional. En nuestro derecho marítimo, la LNM (art. 184: *Primacía del criterio profesional del capitán)* le ha dispensado una protección jurídica, en atención especialmente a la seguridad marítima.

De manera actual, el tema se ha planteado con especial intensidad en dos grandes siniestros con un fuerte impacto mediático: el *Costa Concordia* (2012) y el *SS Faro* (2015).

En ambos casos, hay una negligencia del capitán, pero con una fuerte implicación del CIGS, aunque por razones diversas.

En el *Costa Concordia* la defensa del capitán Schettino aludió al SGS del buque y a la corrección del desempeño del capitán.[25] De manera mucho más objetiva, la Fundación Skagerrak también ha incidido en estos aspectos con argumentos estimables.[26] Analizando los factores causales del accidente relacionados con el Código, se hace referencia especial a la actuación del capitán y a numerosas deficiencias: planificación inadecuada del pasaje; procedimientos del SGS inadecuados en aspectos como la gestión de la instrucción de emergencia para pasajeros, el sistema de apoyo a la toma de decisiones, el plan de navegación, entre otros. Las sentencias no solo condenaron al capitán (único que ingresó en prisión), sino también al DPA Ferrarini y a otros miembros de la tripulación. Sin embargo, no se abordó el análisis de la gestión del buque, ni del Código. En nuestra opinión, la toma en consideración de la inadecuación del SGS hubiese atenuado la responsabilidad del capitán.

El 1 de octubre de 2015, *El Faro,* un buque portacontenedores estadounidense que operaba semanalmente entre Jacksonville (Florida) y San Juan (Puerto Rico), se dirigió directamente al centro del huracán Joaquín, de categoría 4, y se hundió.[27] Aunque *El Faro* estaba equipado con los últimos sistemas de seguimiento meteorológico, que proporcionaban información actualizada sobre la posición y el curso esperado del huracán, su experimentado capitán —de 53 años—

---

25 https://www.naucher.com/schettino-insiste-en-afirmar-su-inocencia-en-el-naufragio-del-costa-concordia/

El estudio de la Fundación Skagerrak (https://skagerrak.org/) constituye una reflexión en defensa del capitán del *Costa Concordia*, Francesco Schettino, víctima de un error del sistema ECDIS (cartas electrónicas de navegación) y de unas prácticas de trabajo en el puente claramente mejorables, cuya responsabilidad recaería en la persona designada (DPA) y no en el capitán. La Fundación Skagerrak para la Seguridad Marítima concluye que la sentencia de los tribunales italianos contra el capitán Schettino ignora lo dispuesto en el Código para la Gestión de la Seguridad Marítima. Disponible en: https://skagerrak.org/costa-concordia-avdekker-italiensk-brudd-pa-sjosikkerheten-og-rettssikkerheten/

27 Ver con carácter general sobre el accidente: https://en.wikipedia.org/wiki/SS_El_Faro

decidió no cambiar la ruta regular hacia San Juan para evitar retrasos, y continuar como de costumbre. Esta decisión colocó al buque en una proximidad muy cercana al huracán y condujo a la pérdida del barco y de su tripulación. Las conversaciones y los datos obtenidos por el registrador de datos de viaje (VDR) del buque muestran claramente que el capitán fue informado varias veces por su tripulación y los sistemas de información meteorológica sobre el clima adverso y, aun así, no alteró la ruta del buque.

Según la NTSB:

> *La causa probable del hundimiento de El Faro y la consiguiente pérdida de vidas fue la acción insuficiente del capitán para evitar el huracán Joaquín, su falta de uso de la información meteorológica más actualizada y su tardía decisión de reunir a la tripulación. Contribuyó al hundimiento la gestión ineficaz de los recursos del puente a bordo de El Faro —incluido el hecho de que el capitán no considerara adecuadamente las sugerencias de los oficiales—. También influyeron negativamente la inadecuación tanto de la supervisión de TOTE como de su sistema de gestión de la seguridad. Otros factores que intervinieron fueron la inundación en una bodega de carga, debido a una puerta estanca abierta no detectada, y tuberías de agua de mar dañadas; la pérdida de propulsión a causa de la baja presión de aceite lubricante en el motor principal como resultado de una escora sostenida; y la posterior inundación descendente a través de cierres de ventilación no asegurados en las bodegas de carga. También contribuyó la falta de un plan de control de daños aprobado. (NTSB, 2017, pág. 8)[28]*

La decisión del capitán de no tomar una ruta más segura estuvo influenciada por varios factores y procesos relacionados con el elemento humano, entre ellos: una valoración errónea de la situación; una deficiente gestión de riesgos; la falta de trabajo en equipo y de comunicación, así como factores físicos y mentales como la fatiga y el estrés.

Sirvan estos dos casos para ilustrar la complejidad de los accidentes marítimos en los que se ven involucrados factores humanos, organizativos y técnicos. En cualquier caso y con independencia de las funciones que el Código otorga al capitán (Regla 5), nada impide que, frente a ciertos incumplimientos graves de su SGS o de mantenimiento (Regla 10), el mismo formule una no conformidad desplazando la responsabilidad personal a la compañía, a través del DPA.

Conviene destacar que el CIGS, bien utilizado, puede ser un gran aliado para el capitán. Este debe tener interiorizados los criterios comentados y hacerse las dos preguntas clave:

---

28   Ver en: https://www.ntsb.gov/investigations/AccidentReports/Reports/MAR1701.pdf

- McFadden (1905): De haber conocido la deficiencia, ¿tenía esta la entidad suficiente como para que un marino prudente hubiese exigido su subsanación antes de emprender el viaje?

- Dixon (1835): ¿Está el barco preparado para afrontar los riesgos probables del viaje?

6.7   El CIGS y el seguro marítimo

El transporte marítimo es una de las industrias de mayor riesgo de todas las actividades humanas. Durante las operaciones rutinarias de los buques, existen numerosos riesgos: condiciones meteorológicas adversas, mares agitados, encallamientos, colisiones e incendios pueden resultar en pérdida de vidas, lesiones personales, daños a la carga y/o contaminación grave del medioambiente, en particular del medio marino. Además, actos ilícitos provocados por el hombre, como el fraude marítimo y la piratería, también representan amenazas significativas para el desarrollo sostenible de la industria marítima.

La entrada en vigor del Código IGS busca garantizar la seguridad en el mar, prevenir lesiones humanas o la pérdida de vidas y evitar daños al medioambiente —especialmente al medio marino—, y a la propiedad. El Código puede afectar varios aspectos del seguro marítimo, incluyendo las reglas del seguro, la navegabilidad, el deber de declaración del riesgo y la cobertura.

6.7.1   Los Clubes de P&I

El Grupo Internacional de Clubes recomendó a los clubes miembros que modificaran sus reglas para respaldar la implementación del Código ISM a finales del siglo pasado. Las recomendaciones fueron que las reglas de los clubes debían modificarse para cumplir al menos con tres criterios:

1. La posesión de certificados válidos del Código IGS, de acuerdo con los requisitos del Estado de bandera, sería una condición obligatoria del seguro.

2. Un miembro que no esté certificado perderá el derecho a recuperar reclamaciones derivadas de incumplimientos con los requisitos del Código del Estado de bandera.

3. Los clubes incluirán, en sus programas existentes de visitas e inspecciones de buques, verificaciones de que exista un sistema efectivo de gestión de seguridad en operación y en cumplimiento con los requisitos del Código IGS.

Las reglas de todos los clubes del Grupo Internacional de P&I contienen una disposición que exige que los buques registrados cumplan con los requisitos legales. Por ejemplo, las normas del Club Skuld han sido enmendadas para incluir lo siguiente:

> *El miembro deberá cumplir con todos los requisitos legales del Estado de bandera del buque relacionados con la construcción, adaptación, condición, equipamiento, dotación, operación y gestión del buque registrado (incluidos los requisitos aplicables del Código ISM), y mantener la validez de todos los certificados legales emitidos por, o en nombre del Estado de bandera, en relación con dichos requisitos. En caso de incumplimiento de este requisito (haya o no negligencia por parte del miembro), este no tendrá derecho a ninguna recuperación de la Asociación, salvo en la medida en que pueda demostrar que las responsabilidades, pérdidas, gastos o costes se habrían producido en cualquier caso y habrían estado cubiertos por la Asociación si el miembro hubiera cumplido con dichos requisitos. (Skuld, 1999)*

En mayo de 1998, los aseguradores de carga de Londres introdujeron una nueva cláusula en los seguros de carga como un paso activo para respaldar los objetivos del Código IGS. El Comité Conjunto de Carga (JCC, por sus siglas en inglés) de Lloyd's y el Instituto de Aseguradores de Londres (ILU) diseñaron y difundieron una nueva cláusula en el mercado, que se recomienda como adicional para el Código. Según la nueva modificación, los propietarios de carga que sepan o deban saber que la carga asegurada está siendo transportada por un buque que no cumple con el Código IGS o cuyos propietarios/operadores no posean un Documento de Cumplimiento (DOC), quedarán excluidos de la cobertura del seguro de carga.

En igual sentido, el Japan P&I Club:[29]

> *La asociación desea llamar la atención de sus miembros sobre la regla 16-1(6) de la Asociación, que dice: "El miembro debe cumplir con todos los requisitos legales del Estado de la bandera del buque y el Código Internacional de Gestión de la Seguridad (ISM) relacionados con la construcción, adaptación, condición, equipamiento, dotación, operación y gestión del buque inscrito, y debe mantener en todo momento la validez de los certificados legales emitidos por, o en nombre del Estado de la bandera, en relación con dichos requisitos y en relación con el Código Internacional de Gestión de la Seguridad (ISM)". Si un miembro no cumple con el requisito, la Asociación puede rechazar cualquier reclamación del miembro o reducir el monto del pago, según la regla 16-2.*

---

29   Ver en: https://www.piclub.or.jp/en/news/10099

El Britannia P&I Club establece en sus reglas la posibilidad de una evaluación de la gestión del buque:[30]

28.7 Evaluación de la gestión del buque:

Sin perjuicio de las garantías u otros deberes y obligaciones impuestos a un miembro en virtud de estas reglas o la ley general, los administradores pueden, en cualquier momento y de vez en cuando, requerir que un miembro se someta a una evaluación de los sistemas de gestión en tierra o a bordo de un buque, en relación con la operación de buques administrados u operados por el miembro. Dicha evaluación será realizada por un inspector designado por los administradores, en fecha y lugar acordados entre el miembro y los administradores, y dentro del plazo que estos especifiquen. Los administradores pueden, a su discreción, requerir que el miembro se haga cargo de los gastos de dicha evaluación o tratarla como un gasto reembolsable por la Asociación en virtud de la Regla 19.20 (Costos legales, demandas y mano de obra). Tras la evaluación o en caso de que el miembro no se someta a ella dentro del plazo establecido, los administradores tendrán la facultad, a su discreción, de dar por terminada de inmediato la inscripción de todos los barcos inscritos por el miembro; o modificar, variar o imponer condiciones especiales en la inscripción de buques, con efecto inmediato, en la forma que consideren adecuada, incluida la exclusión de todos o parte de los riesgos especificados en la Regla 19 (Riesgos cubiertos), por el tiempo o período que estimen coveniente.

6.7.2   La navegabilidad y la cobertura

La base legal tradicional del transporte de mercancías por mar y del seguro de responsabilidades P&I es el deber del propietario de ejercer la "diligencia debida" para garantizar que el buque sea navegable. Este principio fue introducido por la Ley Harter de los Estados Unidos en 1893 y se incorporó en las Reglas de La Haya y La Haya-Visby.

En cuanto al impacto del Código sobre la diligencia debida, el requisito de que todos los procedimientos estén documentados inevitablemente proporcionará más oportunidades y medios para dentificar actos u omisiones por parte del propietario del buque que puedan fundamentar una responsabilidad o respaldar argumentos en un litigio.

El Código establece un marco para procedimientos detallados en relación con la gestión, el mantenimiento y las operaciones del buque. El incumplimiento de

---

30   Ver en: https://britanniapandi.com/rules/pi-class-3/part-iv-pi-class-3/rule-28/

estos requisitos podría interpretarse como una falta de diligencia debida por parte del propietario.

La navegabilidad está cubierta en las Reglas de La Haya, las Reglas de Hamburgo, los contratos de fletamento y las pólizas de seguro marítimo. La prueba tradicional es que, para que un buque sea navegable, debe tener el nivel de aptitud que un propietario ordinario, cuidadoso y prudente requeriría para su buque al comienzo del viaje, teniendo en cuenta todas las circunstancias probables del mismo (*McFadden v. Blue Star Line,* 1905).

El impacto del Código IGS se refleja en los siguientes aspectos:

1. Es normal esperar que los buques posean documentos que acrediten su navegabilidad, como los certificados requeridos por las leyes del Estado de abanderamiento o por las normas y prácticas legales de las autoridades locales en los puertos de escala. La ausencia de documentación necesaria, incluidos los certificados proporcionados por el Código, supondrán la innavegabilidad.

2. Incluso si se dispone de un SGS satisfactorio, el hecho de que el propietario o el operador no lo han implementado correctamente en la ocasión concreta podría dar lugar a alegaciones de que el buque no era navegable debido a la implementación deficiente del sistema.

6.7.3 No conformidades y la cobertura

Si un buque ha sido asegurado mientras los propietarios o gestores disponen de su *Documento de Cumplimiento* válido y el buque tiene su *Certificado de Gestión de Seguridad*, entonces existe una obligación continua por parte del miembro de cumplir con todos los requisitos legales del Estado de bandera del buque, incluidos los requisitos aplicables del Código CIGS.

El seguro P&I es un seguro de responsabilidad, cuyo propósito es proporcionar cobertura al miembro asegurado por errores y omisiones cometidos por empleados, como el capitán, oficiales o la tripulación, por los cuales el miembro puede ser considerado responsable. Este punto no cambia por la introducción del Código. Sigue siendo la intención proporcionar cobertura para errores del capitán —por ejemplo, en relación con las obligaciones previas a la salida de un puerto— o errores de un oficial de máquinas relacionados con el abastecimiento de combustible del buque. Esto se aplica con independencia de que tales fallos puedan ser calificados posteriormente como no conformidades por un auditor.

Sin embargo, si se informa al miembro sobre una no conformidad y este no toma medidas para rectificarla, o si hace "la vista gorda" al no garantizar que exista un sistema para que se le informe de las no conformidades, entonces el miembro no tendrá derecho a ninguna recuperación del club, excepto en la medida en que pueda demostrar que las responsabilidades, pérdidas, gastos o costes habrían ocurrido de todas formas. (Esta regla se aplica independientemente de si el miembro ha sido negligente o no. Por otro lado, solo es aplicable a las pérdidas donde existe una relación causal entre la pérdida y la no conformidad del miembro. En otras palabras, las pérdidas donde no existe tal relación causal seguirán estando cubiertas por el club).

La regla sobre el cumplimiento del Código no difiere de la que establece las obligaciones del miembro de cumplir con otros requisitos legales. No obstante, los requisitos de informes del Código IGS facilitan la investigación sobre en qué medida el miembro ha seguido los reportes de no conformidades y si ha actuado al respecto. Es probable que existan casos en que el incumplimiento del Código ISM por parte del miembro conlleve la pérdida de la cobertura del club.

6.7.4 Evidencia

Cuando surge la reclamación, se plantearán las siguientes cuestiones:

1. ¿Estaba el buque en condiciones reales de navegabilidad y no meramente documentales?

2. ¿Ha cumplido el porteador con el deber de cuidado de las mercancías?

3. ¿Eran competentes y estaban cualificados los miembros de la tripulación? Igualmente, ¿estaban familiarizados con sus funciones de acuerdo con el SGS del buque?

4. ¿Existe base jurídica para invocar la exclusión de la limitación de responsabilidad?

5. ¿Podrían los aseguradores o los clubes P&I excluir la cobertura legítimamente?

Para resolver todas estas cuestiones, el reclamante buscará aquellos documentos en posesión del armador que puedan demostrar cómo se mantenía el buque, cuán cualificada estaba la tripulación, cuándo fue la última inspección de clase y cómo se gestionaba la seguridad tanto a bordo del buque como en tierra. Antes de que el Código entrara en vigor, era difícil obtener suficientes documentos para estos propósitos.

El aspecto más importante del Código es que cada compañía naviera debe contar con un documento escrito en el que se reflejen sus políticas e instrucciones para la tripulación, así como las líneas claras de comunicación entre el buque y la gestión en tierra.

Además, deben mantenerse registros de todos los informes entre el buque y la persona designada. Este sistema de transparencia permite a las partes interesadas revisar dichos registros y examinar todo el sistema de gestión de la compañía.

Los tipos de documentos que podrían interesar a los posibles reclamantes incluyen:

- los relativos a la frecuencia de inspecciones;

- registros de no conformidades, junto con informes sobre cualquier causa conocida o probable;

- aquellos que detallen las acciones correctoras y sus resultados;

- registros del mantenimiento de dichas actividades;

- certificados que acrediten la historia, formación continua y competencia de la tripulación para sus puestos actuales.

Si estos documentos son requeridos y no se entregan, ello podría perjudicar al propietario, ya que su ausencia comportaría el incumplimiento de un deber. No bastará con alegar que los documentos se han retenido o extraviado, ya que el artículo 2 del Código requiere que la compañía establezca y mantenga procedimientos para controlar todos los documentos y datos relevantes para el Sistema de Gestión de Seguridad (SMS).

6.8   Los contratos de gestión náutica: la póliza SHIPMAN (2024)

Desde el año 1998, tras la publicación y entrada en vigor del CIGS, la póliza de BIMCO más conocida de gestión náutica, la SHIPMAN recogió los aspectos y obligaciones que impone el CIGS en favor del gestor náutico, deslindando claramente las obligaciones del naviero y del gestor a efectos del Código.[31]. Supone una consecuencia importante de la doctrina del *alter ego* ya examinada. La virtualidad práctica radica en que un error del gestor le privaría del beneficio de la limitación, pero no al naviero que ha confiado la gestión náutica a un tercero.

---

31   Ver cláusula 4, *Manager Obligations*, de la póliza SHIPMAN.

7

El código IGS - ISM en la jurisprudencia anglosajona y española

7.1 Introducción

Resulta esencial, a efectos de este estudio, la concreción de los preceptos del Código IGS a la luz de los precedentes judiciales tanto del derecho anglosajón como del derecho español. Conviene recordar que, en el *common law*, las resoluciones judiciales constituyen una fuente de derecho, a diferencia de lo que ocurre en nuestro ordenamiento.

Debido a la primacía de las cláusulas inglesas del seguro marítimo (ILU), las pólizas de fletamento (BIMCO) y los conocimientos de embarque con sumisión al derecho inglés, han sido los tribunales ingleses los que más se han ocupado de la cuestión. La jurisprudencia española ha examinado el Código en mayor medida en la jurisdicción contencioso-administrativa, en relación con el control de legalidad de la potestad sancionadora de la TRLPMM 92/2011, y de forma más limitada, pero no menos importante, en la jurisdicción civil (mercantil).

En los capítulos anteriores hemos analizado una serie de decisiones judiciales que han influido decisivamente en el concepto jurídico de *navegabilidad*: *Mcfadden v. Blue Star Line* (1905); *Dixon v. Sadler* (1841); *The Muncaster Castle* (1959); *The Toledo* (1995); *CMA GGM Libra* (2020), entre otras.[1]

Igualmente, con el concepto de *alter ego* del naviero: *The Gwendolyn* (1965); *The Marion* (1984); *Lennard's* (1915), etc.

Todos estos casos, que operan como auténticos *leading cases*, además de los accidentes que han servido de precedente del Código (*Estonia; Herald of*

---

[1] En el caso Dixon v. Sadler, la navegabilidad se definió como: "El buque deberá estar en condiciones adecuadas en cuanto a reparaciones, equipamiento y tripulación, y en todos los demás aspectos para enfrentar los peligros ordinarios del viaje". 151 E.R. 1303

Enterprise, etc.), resultan decisivos para analizar el presente y el futuro del CIGS y su aplicación en los diferentes sistemas jurídicos.

7.2   Jurisprudencia anglosajona

7.2.1   El precedente del *Eurysthenes*

Compania Maritime San Basilio SA v Oceanus Mutual Underwriting Association (Bermuda) Ltd, Eurysthenes [1976] 2 Lloyd's Rep 171, CA.

El buque *Eurysthenes* transportaba carga desde EE. UU. hasta Filipinas y encalló en el estrecho de San Bernardino. Como consecuencia de la varada, la carga sufrió daños. Sobre esta base fáctica, se reclamaba al armador los daños y perjuicios sufridos por parte de los cargadores al ver dañada su mercancía. Al analizar el siniestro, se comprobó que el buque no había emprendido el viaje con las condiciones adecuadas, ya que lo hizo sin una dotación de oficiales de cubierta titulados. En otras palabras, fue un buque enviado al mar falto de navegabilidad. Aunque este caso ocurrió antes de la entrada en vigor del código IGS, tiene una relación importante con los principios que establece, ya que aborda el concepto de *navegabilidad* y las obligaciones de los armadores en cuanto a la debida seguridad y diligencia.

Además, este precedente ayuda a entender cómo los tribunales interpretaban la noción de "debida diligencia —*due diligence*" antes de la existencia de normas tan específicas como las del Código IGS. Aunque en 1976 el Código aún no estaba vigente, su espíritu puede verse reflejado en el fallo: los armadores y operadores de los buques tienen la obligación de establecer sistemas y procedimientos que aseguren que la nave esté en condiciones óptimas para navegar. En otras palabras, lo que el Código exige en términos de sistemas de gestión de la seguridad es una continuación y formalización de la diligencia ya exigida en el precedente del *Eurysthenes*.

Además, concurrían otras deficiencias más allá de la falta de tripulantes cualificados: una infracción evidente de la actual Regla 6.2. del CGS por navegar sin cartas de navegación adecuadas, con un ecosonda inservible y una caldera que no funcionaba, lo que incumple la actual Regla 10 del CGS sobre el mantenimiento del buque y su equipo.

Todas estas disfunciones planteaban claramente su falta de navegabilidad, razón por la cual el Club P&I afirmó que el buque no estaba en condiciones de navegar. El caso planteaba la cobertura del Club P&I al propietario si se pudiera acreditar que el buque fue enviado al mar en condiciones no aptas, y con el conocimiento de tal situación por parte del armador, de acuerdo con la Ley de Seguro Marítimo de 1906, (MIA, arts. 25, 39).

Aunque el caso está asociado con el análisis en profundidad de la *privity*, Lord Denning MR se refirió brevemente a la imprudencia y la mala conducta intencional:

> *[p 177] ...La cuestión es: ¿qué grado de implicación persona¹ es tal que priva al asegurado de su indemnización? Los armadores dicen que solo se les puede privar de ella si han sido culpables de mala conducta deliberada, en el sentido de que han enviado deliberada o imprudentemente el buque al mar sabiendo que no estaba en condiciones...*

> *Este repaso histórico muestra a mi entender que, cuando lcs antiguos juristas hablaban de que un hombre estaba "al tanto" de que se hiciera algo, o de que se hiciera un acto "con su consentimiento", querían decir que lo sabía de antemano y que estaba de acuerdo en que se hiciera. Si se trataba de un acto ilícito cometido por su dependiente, este era responsable del mismo si se había realizado "por orden suya o con su consentimiento", es decir, con su autorización expresa o con su conocimiento y consentimiento. Privity no significa que haya habido dolo por su parte, sino solo que conocía el acto de antemano y estaba de acuerdo en que se realizara. Por otra parte, privity no significa que él mismo realizara personalmente el acto, sino sólo que lo hiciera otra persona y que él concurriera conscientemente en ello. Sin su "culpa real" significaba sin ninguna culpa real por parte de¹ propietario personalmente. Sin su privity significaba sin su conocimiento o concurrencia. Cuando hablo de conocimiento, me refiero no solo al conocimiento positivo, sino también al tipo de conocimiento expresado en la frase "hacer la vista gorda".*

La culpa real y la *privity* se refieren a la falta o conducta censurable personal de los propietarios del buque o que ellos consintieron o de la cual tenían conocimiento, como ya sido comentado con anterioridad. La gran aportación del caso es incluir los supuestos de tolerancia con la falta de navegabilidad por parte de los gerentes (en expresión de Lord Denning: "hacer la vista gorda").

Estas ideas se van a ver reflejadas en el nuevo concepto tras el CIGS de que la navegabilidad de un buque no solo depende de su estado físico, sino también de la capacitación adecuada de la tripulación, la implementación de procedimientos de seguridad y la existencia de un sistema eficaz de gestión de la seguridad, de acuerdo con las exigencias de la "debida diligencia", y especialmente el alcance de estas obligaciones respecto a los directores y gerentes de la empresa, que no van a quedar cubiertos en las situaciones de tolerancia o complacencia frente a sus obligaciones de navegabilidad.

7.2.2   *The Eurasian Dream*

Papera Traders Co. Ltd. and Others v. Hyundai Merchant Marine Co. Ltd. and Another (tThe Eurasian Dream)" (2002) 1 Lloyd's Rep. 719)[2].

El 23 de julio de 1998 se produjo un incendio en la cubierta 4 del buque de carga de vehículos *Eurasian Dream*, mientras se encontraba en el puerto de Sharjah. El incendio, que no fue contenido ni extinguido por el capitán ni la tripulación, acabó destruyendo o dañando la carga de vehículos nuevos y usados del buque, y provocó que este sufriera una pérdida total constructiva (*constructive total loss)*. En esta acción, los demandantes, que son los interesados en la carga, reclaman a los navieros la indemnización por la destrucción o los daños sufridos por los vehículos.

Este caso representa un ejemplo muy significativo de las consecuencias de la falta de la debida diligencia en la navegabilidad de un buque, y especialmente de la incompetencia de la tripulación. Durante las operaciones de descarga, específicamente cuando se descargaban vehículos y se realizaba simultáneamente el reabastecimiento de combustible, se produjo un incendio en la cubierta número 4, supuestamente originado cuando un camión de servicio fue utilizado para arrancar uno de los vehículos a bordo. A pesar de los intentos iniciales por parte de la tripulación para contener el incendio mediante el uso de extintores y mangueras, todos los esfuerzos fueron en vano.

Una vez que el incendio se desbordó, gran parte de la tripulación abandonó el buque, con excepción del capitán, el jefe de máquinas y el ingeniero eléctrico. El jefe de máquinas, bajo las órdenes del capitán, liberó CO_2 en un intento de sofocar las llamas, pero el esfuerzo también resultó infructuoso debido a que no se habían tomado las precauciones adecuadas, como cerrar las compuertas herméticas y los ventiladores. En consecuencia, el incendio se extendió, destruyó la carga y resultó en la pérdida total constructiva del buque.

Los propietarios de la carga interpusieron una demanda contra los operadores del buque, acusándolos de negligencia y de no haber garantizado que la nave estuviera en condiciones adecuadas de navegabilidad. Durante el juicio, el juez Cresswell concluyó que el *Eurasian Dream* no estaba en condiciones de navegar ni antes ni durante su viaje. Una de las razones clave fue la falta de competencia y preparación de la tripulación, quienes demostraron no estar familiarizados con los procedimientos de lucha contra incendios ni con el equipo disponible a bordo. Este hecho quedó evidenciado durante el intento fallido de controlar el incendio, cuando se observó que el equipo contra incendios del buque no había sido

---

2   Ver texto completo en: https://www.i-law.com/ilaw/doc/view.htm?id=150812

utilizado correctamente, y que la tripulación no estaba adecuadamente capacitada para manejar este tipo de emergencias.

Además de la falta de preparación de la tripulación, el tribunal también destacó que los manuales y procedimientos que se les había proporcionado eran incompletos y genéricos. Aunque la compañía naviera ya había implementado el Código IGS en otros buques de su flota, el *Eurasian Dream* aún no estaba obligado a cumplir con los requisitos del Código en aquel momento. Sin embargo, el juez aplicó lo que denominó la "prueba ISM", la cual evalúa si un buque está en condiciones de navegar a través de la existencia de un sistema adecuado de gestión de la seguridad. En este caso, el sistema era inadecuado: los manuales no estaban adaptados específicamente para el buque, lo que complicó las tareas de la tripulación al no contar con directrices claras y precisas sobre cómo actuar en emergencias, tales como el incendio en cuestión.

El Código IGS es una norma que exige a los navieros y operadores de buques la implementación de un sistema de gestión de la seguridad tanto a bordo como en tierra. Este sistema debe incluir procedimientos que aseguren que la tripulación esté debidamente capacitada y familiarizada con los sistemas de seguridad, que el buque esté bien equipado y que se adopten medidas adecuadas para la prevención y gestión de emergencias. Aunque el juez Cresswell no hizo una referencia explícita al Código en su fallo, señaló que el incumplimiento de los estándares de gestión de seguridad determinó el estado de innavegabilidad del *Eurasian Dream*.

Durante el proceso judicial se abordaron varios aspectos críticos que reflejaron la falta de diligencia de los propietarios y operadores del buque. Por ejemplo, se reveló que el capitán del buque no tenía experiencia previa en buques portacoches (*car carrier*), y que no había recibido una formación adecuada ni para el manejo de este tipo de buques ni para la supervisión de las operaciones de carga. Además, la tripulación tampoco había sido entrenada de manera eficaz en la lucha contra el fuego, como lo demostró su incapacidad para utilizar adecuadamente el equipo contra incendios. El juez también criticó la actuación del jefe de máquinas, quien, aunque liberó el CO_2, lo hizo de manera tardía y sin haber cerrado previamente las compuertas herméticas ni haber asegurado que los ventiladores estuvieran apagados, lo que impidió que el gas fuera eficaz en la extinción del incendio.

En cuanto al equipo disponible a bordo, el tribunal determinó que era insuficiente para enfrentar una emergencia de la magnitud del incendio. Aunque la cantidad de *walkie-talkies* a bordo cumplía con los requisitos del Convenio SOLAS, tres de los cuatro dispositivos estaban siendo utilizados por la tripulación encargada del reabastecimiento de combustible en el momento del incendio, lo que dejó a los miembros responsables de la lucha contra el fuego con medios de comunicación inadecuados. El juez Cresswell señaló que el cumplimiento formal de SOLAS no siempre es suficiente para garantizar la seguridad de un buque, y que, en este caso, la cantidad de *walkie-talkies* disponibles no era adecuada para un buque portacoches como el *Eurasian Dream*.

El tribunal concluyó que los propietarios y operadores del buque no habían ejercido la debida diligencia necesaria para garantizar que el *Eurasian Dream* estuviera en condiciones de navegar. Según el juez, la debida diligencia implica el ejercicio de un cuidado y una habilidad razonables para asegurar que un buque esté bien equipado y preparado para enfrentar las operaciones de transporte y las emergencias que puedan surgir. La falta de dicha diligencia fue evidente en varios aspectos: desde la inexperiencia del capitán y la tripulación hasta las deficiencias en los procedimientos de seguridad y la insuficiencia de equipos esenciales. Estos errores contribuyeron directamente a la pérdida de la carga como a la pérdida total del buque.

Este caso destaca la importancia de la implementación efectiva de sistemas de gestión de la seguridad a bordo de los buques. La tragedia podría haber sido evitada si la tripulación hubiera recibido una formación adecuada en la lucha contra incendios y si los propietarios del buque hubieran implementado un sistema de seguridad específico para el *Eurasian Dream*. Además, el caso pone de relieve que, si bien el cumplimiento de normativas internacionales como el SOLAS es esencial, por sí solo no garantiza la seguridad de un buque. Un sistema de gestión de la seguridad que incluya una capacitación adecuada y procedimientos bien definidos es fundamental para evitar accidentes trágicos como el incendio en el *Eurasian Dream*.

7.2.3   The Torepo

The *Torepo, (2002) 2 Lloyd's Rep. 535* [3].

El buque tanque *Torepo* partió del puerto de La Plata (Argentina) el 30 de junio de 1997 con un cargamento de 23.700 toneladas de gasolina. El destino era Esmeraldas (Ecuador). Se consideraron tres rutas: el canal de Panamá, el cabo de Hornos y el estrecho de Magallanes. Finalmente, se tomó la decisión de utilizar la ruta más corta: el estrecho de Magallanes. En ese momento, el buque no contaba con cartas del estrecho de Magallanes. Se recibieron algunas cartas del almirantazgo británico en Montevideo, un puerto de escala posterior. Sin embargo, se entendió que los prácticos traerían consigo cartas chilenas que cubrían casi todo el estrecho de Magallanes.

---

3 Ver texto completo en: https://www.i-law.com/ilaw/doc/view.htm?id=150841

El 7 de julio, dos prácticos abordaron el *Torepo* en la bahía Posesión, situada en la entrada al estrecho de Magallanes. El buque entró en el estrecho mientras los prácticos utilizaban el índice de distancia y otros elementos (incluido el plano de travesía) que llevaban consigo. En consecuencia, no se elaboró ningún plan de navegación detallado para el viaje del buque a través del estrecho.

El 9 de julio, mientras se encontraba en los canales patagónicos, el buque no modificó el rumbo en el punto previsto y lo mantuvo recto, encallando en la isla Wellington. En ese momento, en el puente de mando se encontraban cuatro personas de servicio: un práctico, el primer oficial, un cadete y el timonel.

El demandante —propietario de la carga— planteó diversas cuestiones relativas a la insuficiencia del plan de navegación y a la negligencia del capitán y los oficiales del buque. La sentencia del tribunal descartó cualquier deficiencia relacionada con la navegabilidad (responsabilidad del armador) y concluyó que la causa del siniestro fue la negligencia en la navegación por parte del práctico y del primer oficial.

El buque zarpó sin las cartas náuticas adecuadas, a pesar de haber intentado conseguirlas. Finalmente, lograron que se las entregaran en un punto determinado de la ruta, pero iniciaron la travesía únicamente con cartas a pequeña escala. El encallamiento se produjo justo cuando el capitán se había retirado a descansar a su camarote. Las normas CGS incumplidas son, en primer lugar, la Regla 6.2, por iniciar la travesía sin las cartas necesarias y adecuadas. Además, el hecho de que el capitán se ausentara durante el paso por aguas difíciles, dejando al mando al primer oficial, el timonel, un alumno y el práctico, plantea una posible infracción de la Regla 6.1.3 ("Cuenta con la asistencia necesaria para cumplir sus funciones de manera satisfactoria"). El uso del alumno en el puente fue un incumplimiento de la diligencia debida, dado que no disponía del certificado STCW, lo que vulnera la Regla 6.2 del CGS, aunque tuviera experiencia suficiente para realizar la tarea que le fue encomendada. Además, se le añade el hecho que el oficial no tuvo periodos de descanso, lo que es un fallo en la elaboración de planes para las operaciones a bordo, conforme a la Regla 7 del Código.

El certificado de competencia STCW es un requisito para determinar la competencia del alumno, pero el tribunal se pronuncia diciendo:

> *Un hombre puede estar bien calificado y tener el grado más alto en certificados de competencia y, sin embargo, tener una falta de voluntad e inclinación incapacitantes para usar sus habilidades y conocimientos de modo que le resulten casi inútiles.*

De manera que se generó una controversia sobre su capacidad, ya que la distracción que tuvo, por la que acabó el buque encallado, podría clasificarse como una negligencia, al igual que no respetar un semáforo en rojo, aunque el conductor esté distraído y tenga el permiso de conducir. Una persona puede actuar con negligencia sin que tales actos sean los de un marino incompetente. El tribunal sostuvo que puede apreciarse una "falta de habilidad incapacitante" o una "falta de conocimiento incapacitante", cuando una de las causas de incompetencia es la ausencia de disposición para realizar el trabajo adecuadamente. La determinación de la capacidad o competencia de un tripulante la determina el tribunal, sobre la base de las leyes nacionales.

El tribunal concluyó que "los demandantes (propietarios de la carga), no lograron demostrar que el siniestro fue ocasionado por una falta de navegabilidad causal".

Incluso cuando el buque encalló, hubo evidencia de que se mantenía su navegabilidad y, por lo tanto, el propietario del buque no fue responsable de este accidente. Se determinó que la causa del accidente se debió a la vigilancia inadecuada del práctico y del primer oficial con respecto al rumbo del buque. En este incidente, las contribuciones a la avería gruesa por parte de los propietarios de la carga tuvieron éxito porque la causa fue clasificada como navegación negligente por parte de estos dos individuos. Se sostuvo que no hubo incumplimiento del contrato de transporte por parte del naviero.

Respecto de la vigilancia inadecuada (navegación negligente) del primer oficial, el tribunal confirmó que no hubo negligencia en las actividades de este oficial hasta las 05.35 h, 10 minutos antes de que el Torepo encallara.

Aunque el caso Torepo se mencionó en el caso CMA CGM Libra, se concluyó que no hubo falta de diligencia por parte del transportista al proporcionar al buque las cartas de navegación a gran escala disponibles. Tampoco hubo omisión por parte del capitán antes del inicio del viaje y, por lo tanto, no hubo incumplimiento de la diligencia debida para poner al Torepo en condiciones de navegar. Por estas razones, el Tribunal sostuvo que los dos casos —el Torepo y el CMA CGM Libra— eran distintos entre sí y no podía establecerse una identidad de razón entre ambos.

Los armadores deben proporcionar a sus buques los manuales y demás publicaciones necesarias para la navegación. Además, el propietario debe verificar que las operaciones del buque se ajustan a dichas publicaciones para evitar actividades inapropiadas, descuidos u otros problemas durante la navegación. También le corresponde supervisar el rendimiento del buque mediante auditorías internas adecuadas y visitas periódicas de inspección.

En el caso del Torepo, el capitán, que era el representante del armador, cumplió correctamente con todos los documentos relativos a la operación del buque y con sus funciones. En consecuencia, podemos concluir que tanto su actuación como la gestión del puente fueron adecuadas. Es evidente, por tanto, que el capitán tiene una enorme responsabilidad en su función de representante del armador. El incidente de Torepo planteó importantes cuestiones sobre la responsabilidad del propietario del buque, lo que llevó al rechazo de la alegación de que el accidente se debiera a un defecto que afectara a la navegabilidad. Creemos que esta sentencia —dictada en los primeros años de aplicación del CIGS— hoy tendría un resultado diferente, lo que no obsta a respetar la decisión del tribunal que, con conocimiento del caso, atribuyó la culpa exclusivamente al primer oficial y al práctico, amparados por la exoneración por falta náutica prevista en la RHV.

7.2.4   Borcos Takdir

Supreme Court Kuala Lumpur, [2012] 5 MLJ 515,4 Sabah Shell Petroleum Ltd v The Owners of and/or Any Other Persons Interested in the Ship or Vessel the Borcos Takdir.

Sabah Shell Petroleum Co Ltd (la demandante) se dedicaba a actividades de exploración y producción de petróleo y gas en alta mar. La demandante operaba estructuras de plataformas marinas que incluían un oleoducto submarino. La demandante contrató a los propietarios del buque *Borcos Takdir* para que entregaran alimentos, equipos, herramientas y maquinaria a las estructuras de su plataforma marina. El 28 de julio de 2004, el buque dañó el oleoducto al dejar caer el ancla sobre él, enganchándolo y rompiéndolo.

El demandado alegó la defensa de la limitación de responsabilidad en virtud del artículo 360 de la Ordenanza de Marina Mercante de 1952, similar al artículo 1.1 del Convenio internacional sobre la Limitación de la Responsabilidad de los Propietarios de Buques Marítimos de 1957 (LLMC 1957).

La sentencia rechazó la solicitud del demandado de acogerse a la limitación de responsabilidad bajo la LLMC de 1957.

Para poder beneficiarse de dicha limitación, el armador debe demostrar que el incidente ocurrió sin culpa real o sin *privity* por su parte. En virtud del tenor literal del convenio, la carga de la prueba recae sobre el demandado, quien debe demostrar que el incidente ocurrió sin culpa real o sin falta (*privity) de* su parte.

La culpa real y la *privity* se refieren a alguna falta o conducta censurable que fue personal de los propietarios del buque o que ellos consintieron o de la cual tenían conocimiento. Ni el empleo de un capitán competente ni de un administrador eximiría al armador de su responsabilidad.

En la aportación de la documentación, se constató que se vulneraban varios deberes de cuidado establecidos en el código IGS. En particular, se encontró que

---

4   https://cmlcmidatabase.org/sabah-shell-petroleum-ltd-v-owners-andor-any-other-persons-interested-ship-or-vessel-borcos-takdir

no existía en el sistema de gestión de seguridad del buque una guía completa sobre el procedimiento que debería adoptarse para el fondeo del ancla ni sobre la trazabilidad de posiciones para efectuar un fondeo seguro. Esta omisión contraviene el recordatorio de la Asamblea que se hace en el Código, respecto de la resolución A.596 (15), que establece que existan directrices sobre procedimientos de gestión a bordo y en tierra para la prevención de la contaminación y seguridad operacional.

Tampoco se cumple la Regla 6.2 del Código: "La compañía garantizará que los buques están tripulados por gente de mar competente, titulada y en buen estado físico, de conformidad con las correspondientes disposiciones nacionales e internacionales". Resulta evidente, ya que no hubo supervisión de las habilidades o prácticas de navegación del capitán del buque, así como tampoco sesiones informativas ni controles de auditoría sobre la maniobra de fondeo. Antes del accidente, no existía en el sistema de gestión de seguridad una guía completa sobre el procedimiento que debía adoptarse para fondear el ancla.

- No se hizo hincapié en la importancia de trazar posiciones antes del incidente para determinar procedimientos de anclaje seguros.

- No hubo supervisión de las habilidades o prácticas de navegación del capitán del buque para garantizar que cumpliera o practicara procedimientos de fondeo seguros.

- No hubo reuniones informativas ni controles de auditoría sobre las cuestiones operativas relacionadas con el fondeo del ancla.

- No se realizaron auditorías ni supervisión de los procedimientos de navegación, como la indexación paralela para verificar la caída del ancla.

- No se especificó suficientemente una política de suspensión de trabajos en caso de incidentes en los que un buque encontrara una obstrucción en las proximidades del oleoducto.

- No hubo suficiente información sobre los peligros de forzar o aplicar empuje hacia adelante cuando un oleoducto en las proximidades de un yacimiento petrolífero estaba atascado.

A la luz de las infracciones mencionadas, quedó claro que el demandado simplemente hizo oídos sordos al evidente riesgo de accidente derivado de una operación defectuosa de fondeo en las inmediaciones de un oleoducto. Esto determinó que el accidente ocurrió por culpa y responsabilidad reales del demandado. Debido a no haber adoptado en tiempo y forma los diferentes requerimientos exigidos, el tribunal concluyó que no tenía derecho al beneficio de la limitación de responsabilidad.

7.2.5 Nancy

MV Nancy, Sea Glory Maritime Co. and Another v. Al Sagr National [2014] 1 Lloyd's Rep. 14[5].

El 14 y 15 de febrero de 2009, el buque *Nancy* transportaba carga de Irán a China cuando se produjo un incendio a bordo en el puerto ruso de Nakhodka, lo que convirtió al buque en una pérdida total constructiva (*financial loss*). En consecuencia, los propietarios del buque solicitaron una indemnización a la aseguradora del casco del buque que fue desestimada.

En este caso existen dos demandantes: en primer lugar, el propietario registral del buque (*owner register*), y en segundo lugar, el gestor náutico del buque (*ship manager*). Ambas partes solicitaron una indemnización en virtud de una póliza de seguro marítimo contratada con la aseguradora demandada.

El *Nancy* estaba asegurado contra riesgos marítimos en virtud de una póliza de seguro marítimo con fecha de 2 de diciembre de 2008 por la aseguradora Al Sadr National Insurance Co. En los cuatro años anteriores, el buque había sido objeto de cuatro detenciones por control del Estado rector del puerto que no se comunicaron a la aseguradora demandada. En octubre de 2008, ocurrió la cuarta detención a causa de la identificación de deficiencias relacionadas con las medidas de seguridad contra incendios, que se rectificaron de inmediato. El buque fue sometido a una inspección de seguridad anual por parte del Estado del pabellón y a un estudio de clasificación, y se aprobó un documento de cumplimiento del IGS (DOC) tras una auditoría de verificación.

La aseguradora trató de eludir la responsabilidad en virtud de la póliza de seguro, alegando, en primer lugar, que existió una falsedad o falta de información respecto al verdadero administrador del buque. Además, señaló la omisión de detalles sobre las detenciones del buque realizadas por el Control del Estado del Puerto y se argumentó que no se reveló un posible conflicto de intereses relacionado con la posición del DPA (*Designated Person Ashore*) del propietario. También, se indicó que hubo un incumplimiento de la garantía establecida por el Código ISM. Por último, la reclamación se consideraba afectada por una ilegalidad civil conforme a la normativa de sanciones de los Estados Unidos respecto a Irán, al considerar que el propietario había facturado en dólares estadounidenses a un fletador chino, en el marco de un contrato de fletamento del buque para transportar una carga desde Irán. Los pagos efectuados en virtud del fletamento se procesaban en dólares estadounidenses en el banco de los demandantes. También el armador presentó una indemnización en virtud de la póliza, la cual

---

5   Ver texto completo del caso en: https://www.ilaw.com/ilaw/doc/view.htm?id=328846http://www.bailii.org/ew/cases/EWHC/Comm/2013/2116.html

fue estimada por el juez, quien sostuvo que el demandante tenía derecho a que su pretensión prosperara.

El caso llegó a las manos del juez Blair, el cual sostuvo que no había ninguna falsedad ni falta de divulgación que diera derecho a la aseguradora a rescindir la póliza, ya que no consideraba el incumplimiento de la garantía y que la reclamación no estaba afectada por ninguna responsabilidad civil conforme a la legislación estadounidense.

En este caso se planteó la cuestión de si la mera posesión del DOC es suficiente para considerar cumplidas las normas del Código IGS. Los armadores argumentaron que dichas garantías solo exigían un cumplimiento documental, y que la acreditación se lograría si la empresa propietaria del buque poseía un DOC válido, y el buque contaba con un Certificado de Gestión de la Seguridad (SMC) igualmente válido.

Los aseguradores del casco defendieron que la garantía exigía el cumplimiento real y efectivo del Código IGS al inicio de la póliza y durante todo el período de vigencia de dicha póliza, lo cual requiere la necesidad de efectuar revisiones periódicas del buque. El juez se pronunció a favor de que el cumplimiento documental era suficiente.

El tribunal falló a favor de los demandantes. La sentencia trata varios puntos de interés, ya que el juez explica:

a) los atributos de un gestor náutico de un buque;

b) la naturaleza de la obligación del asegurador de verificar las bases de datos electrónicas antes de aceptar un riesgo y el impacto de esa obligación en el deber de declaración del riesgo por parte del asegurado;

c) si la no divulgación debe basarse en los hechos verdaderos tal como existen, o únicamente en relación con la información parcial;

d) la verdadera construcción de una garantía ISM, sosteniendo que dicha garantía es documental en sus requisitos;

e) la naturaleza de las principales no conformidades según el Código ISM;

f) el artículo 41 de la Ley de Seguro Marítimo (MIA 1906).

El tema relativo a la supuesta falsedad sobre la identidad de los directivos era una cuestión de hecho. Lo esencial era determinar qué parte tenía el control y la autoridad general sobre la gestión técnica y comercial del buque. Tras la revisión de las pruebas presentadas por los expertos, se concluyó que los demandantes no habían proporcionado información falsa ni ocultados datos relevantes en este aspecto.

En cuanto a la falta de declaración relacionada con la inspección por el Control del Estado del Puerto (PSC), lo importante eran las deficiencias identificadas en octubre de 2008. El demandado estaba al tanto de que el buque era antiguo, y todas las deficiencias detectadas fueron corregidas de inmediato. Si se hubiera informado sobre la detención del buque, el demandado habría sido notificado de que las deficiencias se habían subsanado y confirmado por la sociedad de clasificación. En ese caso, el demandado habría renovado la cobertura sin modificar los términos, por lo que no hubo falta de divulgación que indujera a la contratación de la póliza.

Con respecto a la garantía de cumplimiento del Código IGS, la póliza exigía únicamente que se cumplieran los requisitos documentales. En este sentido, no se había producido ningún incumplimiento. Sin embargo, los demandantes no lograron demostrar su argumento de que dicha garantía únicamente era aplicable a la fecha en que entró en vigor la póliza.

Por otro lado, el banco de los demandantes incumplió las normas sobre transacciones y sanciones relacionadas con Irán al procesar el pago del flete correspondiente al contrato entre Irán y China. Al forzar al banco a realizar esa operación, los demandantes infringieron la legislación de Estados Unidos. No obstante, la reclamación de la póliza no tenía relación alguna con dicha infracción, ya que surgió de un incidente posterior, no vinculado a ese contrato. Por tanto, no había defensa en este caso, ya que no existía ninguna conexión causal entre la ilegalidad y la reclamación de indemnización.

7.2.6   CMA-CGM LIBRA

The CMA CGM LIBRA [2020] EWCA Civ 293.

Este caso, ya comentado *in extenso* en el capítulo anterior, se refiere a la obligación de observar una diligencia razonable para mantener el buque en estado navegable. Dicha obligación se recoge en las Reglas de La Haya, y es preceptiva para el porteador antes o durante el inicio del viaje.

Antecedentes fácticos

El 17 de mayo de 2011, el buque *CMA CGM LIBRA*, con una capacidad de 11.356 TEU, zarpó de Xiamen cargado con 5.983 contenedores a bordo. Poco después de su salida, el 18 de mayo, el buque se desvió de su rumbo previsto, salió de la zona de navegación marcada y encalló poco después.

El encallamiento se produjo en una posición inmediatamente adyacente a un banco de arena con una profundidad de 1,2 metros, cuya existencia había sido objeto de un Aviso a los Navegantes promulgado por la Oficina Hidrográfica del Reino Unido (UKHO) varias semanas antes del incidente. Además de la carta de papel BA 3449, que supuestamente se utilizaba a bordo en el momento de los hechos, el buque también estaba equipado con una carta electrónica "no oficial" en la que no se mostraba el banco de arena en el que se produjo el encallamiento.

En diciembre de 2010, la UKHO también emitió otro Aviso a los Navegantes (6274(P)/10), advirtiendo que las profundidades mostradas en la carta, más allá de los confines del canal señalizado en los accesos a Xiamen, no eran fiables y que las aguas eran menos profundas de lo indicado. La carta de papel no indicaba la extensión completa del banco de arena donde encalló el buque y no había sido actualizada con la advertencia contenida en el aviso 6274(P)/10.

El buque fue reflotado posteriormente por una compañía de salvamento. Los armadores incurrieron en gastos por una suma global de aproximadamente 13 millones de dólares estadounidenses y declararon avería gruesa para recuperar alrededor de 9 millones de dólares de la carga. Aproximadamente el 92% de los interesados en la carga acordaron pagar el 98,5% o el 100% de su parte proporcional de avería gruesa, lo que dio lugar que las aseguradoras de carga pagaran aproximadamente 8 millones de dólares a los armadores de los buques y/o sus aseguradoras. Los restantes intereses de carga se negaron a contribuir y sostuvieron que no estaban obligados a pagar contribuciones en avería gruesa sobre la base de que un plan de navegación erróneo hizo que el buque no estuviera en condiciones de navegar, causando la varada.

Cuestión planteada

Un naviero no tiene derecho a reclamar contribuciones por avería gruesa de los intereses de carga cuando la pérdida ha sido causada por el incumplimiento del contrato de transporte por parte del propietario del buque —en este caso, cuando este supuestamente no ha ejercido la debida diligencia para asegurar que el buque estuviera en condiciones de navegar antes y al comienzo del viaje.

Las actuaciones

En primera instancia, el juez del Almirantazgo, Sr. Justice Teare, falló a favor de los intereses de la carga, coincidiendo en que un plan de navegación defectuoso fue la causa de la varada y que esto equivalía a un incumplimiento de la obligación de los propietarios del buque de ejercer la debida diligencia antes y al comienzo del viaje, conforme al artículo 3.1 de las Reglas de La Haya.

El Tribunal de Apelación confirmó esta decisión, y los propietarios del buque posteriormente apelaron ante la Corte Suprema, argumentando que (i) el buque estaba en condiciones de navegar, (ii) se había ejercido la debida diligencia y (iii) el plan de navegación defectuoso era solo indicativo de una "falta náutica".

En su sentencia de 48 páginas, el Tribunal Supremo (House of the Lords) rechazó la apelación de los propietarios del buque, encontrando que este no estaba en condiciones de navegar en virtud de un plan de navegación defectuoso:

El buque no estaba en condiciones de navegar antes y al comienzo del viaje desde Xiamen porque tenía un plan de navegación erróneo. Ese plan deficiente fue la causa de la varada del buque. Los propietarios no actuaron con la diligencia debida para que el buque estuviera en condiciones de navegar porque el capitán y el segundo oficial no actuaron con la pericia y el cuidado razonables al preparar el plan de navegación. De ello se desprende que la varada del buque fue causada por culpa imputable a los armadores, por lo que los cargadores no están obligados a contribuir a la avería gruesa.

Para llegar a esta conclusión, el juzgador resolvió varias cuestiones esenciales:

1. *Fundamentos jurídicos del caso*

Los armadores argumentaron que existe una clara distinción entre: (*i*) el estado de navegabilidad del buque, que se relaciona con su estructura y equipos a bordo, y (*ii*) la navegación del buque, que se refiere a cómo la tripulación utiliza estos equipos. Se planteaba que la obligación de navegabilidad solo se relaciona con el primero, y que el segundo aspecto estaría sujeto a la excepción de "falta náutica" del artículo 4, Regla 2(*a*) de las Reglas de La Haya. Se sostuvo que el plan de navegación era un "conjunto de decisiones de navegación" y no una condición del buque.

Si bien el Tribunal aceptó que las Reglas de La Haya diferencian entre la innavegabilidad antes del inicio del viaje (artículo 3, Regla 1 (*a*)) y una falta de navegación durante el curso del viaje (artículo 4, Regla 2 (*a*)), rechazaron los argumentos del armador. La Corte Suprema confirmó que, en la gran mayoría de los casos, la prueba del *propietario prudente* (*Mcfadden v. Blue Star Line* 1905) es el test adecuado del control de la navegabilidad. Aplicando esa prueba al caso en cuestión, la Corte Suprema sostuvo que un propietario prudente habría exigido que el plan de navegación defectuoso se hubiera corregido antes de que el buque se hiciera a la mar, si hubiera estado al tanto de ello.

2. *La obligación de diligencia debida*

Los armadores argumentaron que la obligación de diligencia debida se cumple si un buque está equipado con todo lo necesario para navegar con seguridad. En otras palabras, siempre que el armador haya designado una tripulación competente y tenga sistemas establecidos que permitan a la tripulación navegar el buque con seguridad, si dicha tripulación no utiliza correctamente los sistemas y el equipo del buque, esto no será indicativo de una falta de diligencia debida por parte de los armadores. El Tribunal Supremo rechazó este argumento, sosteniendo que el plan de navegación estaba dentro de la "órbita" de responsabilidad del armador a pesar de haber sido preparado por el capitán y la tripulación como ayuda para la navegación. Para llegar a esta conclusión, se llamó la atención sobre el hecho de que el capitán y la tripulación eran dependientes del armador y que el mismo no puede eludir sus responsabilidades en virtud de las Reglas de La Haya delegándolas en sus servidores (*The Muncaster Castle* 1959).

Conclusión

La sentencia en el caso *LIBRA CMA CGM* aclara las cuestiones jurídicas que surgen con más frecuencia en las disputas entre los armadores y los intereses de la carga en relación con la navegabilidad. El caso será un punto de partida para cualquier análisis jurídico de la navegabilidad, y la claridad de la sentencia significa que, en futuras disputas que den lugar a cuestiones de navegabilidad, es más probable que la atención se centre en cuestiones de hecho y causalidad.

- En primer lugar, resulta claro que las obligaciones de navegabilidad de los armadores en virtud del artículo 3 de las Reglas de La Haya no están sujetas a una distinción entre "el estado de navegabilidad del buque y el acto de navegación de la tripulación".

- En segundo lugar, la *innavegabilidad* no se limita a una cualidad o defecto físico de un buque y confirma el criterio de que los principios jurídicos establecidos de diligencia debida y navegabilidad se aplican a la planificación de la navegación, del mismo modo que a cualquier otro aspecto de la navegabilidad.

- En tercer lugar, la obligación del propietario del buque en materia de navegabilidad en relación con la planificación de la travesía no se limita a proporcionar un sistema adecuado para dicha planificación. El caso analizado demuestra que la planificación de la navegación es un aspecto importante de la navegabilidad, no se puede esperar que sea perfecta y, por lo tanto, no todos los planes de navegación defectuosos darán como resultado un buque no apto para navegar. El defecto debe ser lo suficientemente grave como para satisfacer la prueba del propietario prudente, es decir, un propietario prudente no permitiría que el buque se hiciera al mar conocedor de este problema. También es importante tener en cuenta que se debe comprobar que haya una conexión causal entre la disfunción y el siniestro. Además, el argumento de que un error en la planificación del viaje antes de su inicio debería caracterizarse como un error de navegación y no como un error de navegabilidad también ha sido rechazado rotundamente. En la práctica, esta sentencia subraya la necesidad de garantizar que las cartas náuticas se mantengan actualizadas (incluida la aplicación de los Avisos Temporales y Preliminares a los Navegantes) y que se realice una planificación cuidadosa y precisa de la travesía antes de la partida.

– En cuarto lugar, durante muchos años, los propietarios a menudo han confiado simplemente en tener un Sistema de Gestión de Seguridad (SMS) implementado para demostrar su debida diligencia en la gestión del barco y proporcionar un buque en condiciones de navegar. Sin embargo, en el reciente caso del *CMA CGM Libra, se* determinó que los propietarios no habían ejercido la debida diligencia al comienzo del viaje, un deber indelegable.

7.2.7 Conclusiones

1. La mera tenencia de los documentos ligados al CIGS (ISM): el DOC y el SMC no implican de manera automática la acreditación de la navegabilidad del buque, ni tampoco del estándar de "debida diligencia" de las Reglas de la Haya-Visby. Tal como preveía el profesor Tetley, se ha ampliado claramente el concepto de *navegabilidad* a partir del Código IGS. La planificación de la navegación forma parte de la "navegabilidad" y no se limita al buen estado técnico del buque. El caso *CMA CGM LIBRA* resulta sumamente claro y constituye un precedente esencial (*leading case*).

2. La obligación del armador es indelegable (*The Muncaster Castle*) y no se ciñe a proporcionar un buque en buen estado y una tripulación competente, sino que debe verificar y supervisar todos los aspectos operativos del mismo, que se incluyen en su ámbito de armador prudente. Esto alcanza a sus dependientes y colaboradores.

3. Conviene precisar que no cualquier error convierte al buque en innavegable: el defecto debe ser lo suficientemente grave como para superar la prueba del propietario prudente (*Mcfadden* 1905), es decir, aquel que no permitiría que el buque zarpara conocedor de este problema. También es muy importante tener en cuenta que debe existir una conexión causal entre la disfunción y el siniestro.

4. En el caso del *Eurysthenes* (anterior al Código), Lord Denning afirmó que la culpa real y la *privity* se refieren a una falta o conducta censurable que fue personal de los propietarios del buque, que estos consintieron o conocían, o bien deberían haber conocido. En ese sentido, el Código refuerza el concepto de que la navegabilidad de un buque no solo depende de su estado físico, sino también de la capacitación adecuada de la tripulación, la implementación de procedimientos de seguridad y la existencia de un sistema eficaz de gestión de la seguridad, de acuerdo con las exigencias de la "debida diligencia".

5. El caso *Eurasian Dreams*, que muestra explícitamente qué debemos entender por tripulación "incompetente", es uno de los ejemplos más evidentes en el derecho inglés. La consecuencia de la incompetencia de la tripulación es claramente la falta de navegabilidad. La prueba consiste en determinar si un armador razonablemente prudente, conociendo los hechos pertinentes, habría permitido que el buque zarpara con el capitán y la tripulación en cuestión, con su nivel de conocimientos, formación e instrucción. Si la respuesta es negativa, entonces el buque no está tripulado por una tripulación competente y, por lo tanto, no es apto para navegar.

El ejercicio de la debida diligencia por parte de un armador equivale al de un cuidado y una habilidad razonables. La falta de la debida diligencia es negligencia y es pertinente recordar el estándar nuevamente, es lo que el armador prudente y razonable habría hecho en las circunstancias. Esto incluye la selección inicial y el nombramiento de la tripulación y la instrucción específica necesaria de la tripulación en relación con un buque específico y/o sus sistemas y/o viajes.

La distinción entre *negligencia de la tripulación* e *incompetencia de la tripulación* es de importancia crucial en el derecho marítimo. Dependiendo del contexto jurídico y fáctico, la respuesta a si un armador será responsable ante otra parte (por ejemplo, un cargador) o se verá privado de algunos de sus derechos contra otra parte (por ejemplo, la aseguradora) puede determinarse por si el buque, en el momento de los hechos, estaba en condiciones de navegar o si el armador ejerció la debida diligencia para que estuviera en condiciones de hacerlo.

6. En este contexto, cuando se trata de las acciones u omisiones de un miembro de la tripulación, la navegabilidad del buque puede depender de si dichas acciones o inacciones fueron resultado de la negligencia o de la incompetencia de la tripulación. Una tripulación negligente no necesariamente convierte al buque en innavegable, mientras que una tripulación incompetente casi con toda seguridad sí lo hará. Para que se considere negligente, un miembro de la tripulación debe haber actuado por debajo del nivel de cuidado exigido para su función específica a bordo. Este nivel de cuidado responde a un estándar profesional y se relaciona con el puesto que ocupa el tripulante en cuestión. El estándar de conducta exigido a un tripulante profesional —como el capitán, el primer oficial o el jefe de máquinas— es el de la persona razonable de ese rango con las habilidad y conocimientos que tenía o debería haber tenido y que debemos verificar de acuerdo con el Convenio STCW 78/95-2010. El Código, más allá de la experiencia y formación requerida, contribuye, mediante su SGS, a concretar para cada tripulante sus funciones: quién hace qué, y qué hace quién, desempeñando un papel valioso en la mitigación del error humano.

7. La supervisión y la formación continua de la tripulación son un elemento de la "diligencia debida" del armador que puede extenderse incluso a las investigaciones para descubrir la incompetencia "latente" de la tripulación en la medida en que, al menos, exista una preocupación por la preparación para las emergencias. De ahí, la importancia, no solo de los ejercicios generales o simulacros, sino también del entrenamiento específico para la preparación para las emergencias (Regla 8 CIGS) e igualmente la notificación de incidentes (*near misses*, Regla 9 CIGS). Resulta concluyente que el cuidado de esos detalles será una prueba manifiesta de gestión cuidadosa de la navegabilidad.

8. El deber de navegabilidad es indelegable en el derecho inglés (*The Muncaster Castle*); por lo tanto, la obligación y responsabilidad por la selección, nombramiento, supervisión y entrenamiento de la tripulación también es indelegable y no puede evitarse designando incluso a la mejor agencia de embarque. El Código ISM, en la medida en que requiere que el armador (la compañía) tenga implementados procedimientos adecuados y documentados, de acuerdo con los estándares mínimos de la industria, puede ser un gran aliado o el peor enemigo del armador, dada la trazabilidad documental que genera el Código.

7.3 Jurisprudencia española

Nuestros tribunales se han ocupado del Código en contadas ocasiones, especialmente en el ámbito de la jurisdicción contencioso-administrativa, al revisar el control formal de la legalidad en los expedientes administrativos sancionadores instruidos al amparo del TRLPMM 92/2011 (arts. 305 y ss.).

Sin embargo, existen varios pronunciamientos que procede analizar, comenzando por un importante fallo judicial civil, que supone un valioso referente en el tratamiento de la navegabilidad en nuestro ordenamiento.

7.3.1 Sentencia 00175/2017, SAP Pontevedra núm. 175, 20 abril 2017; Tribunal Supremo. Sala de lo Civil. Sentencia núm. 160/2020.

Un precedente judicial sumamente importante es la sentencia núm. 175/2017 de la Audiencia Provincial de Pontevedra, de 20 de abril de 2017, que adquirió firmeza tras ser desestimado el recurso de casación interpuesto ante el Tribunal Supremo el 10 de marzo de 2020. Si bien el caso no está centrado en el deber de navegabilidad de un naviero en virtud de un contrato de transporte de mercancías, sino que trata de una disputa entre el armador de un buque pesquero y su aseguradora H&M, el fallo es relevante porque la cuestión crítica de la navegabilidad se analiza en profundidad.

El contexto fáctico es el naufragio de un buque pesquero en aguas internacionales frente a la costa de Cabo Verde. Se desconocía la causa del naufragio. La aseguradora del casco respondió a la reclamación presentada por el armador argumentando que el buque no estaba en condiciones de navegar en el momento del naufragio, debido a varias irregularidades, entre las que destacaba la falta de cualificación del capitán para navegar en esas aguas.

El buque palangrero *Rías Baixas Uno* se hundió por causas desconocidas mientras realizaba una campaña de pesca el día 18 de octubre del 2012, en aguas internacionales, en un punto a 500 millas de la costa de Cabo Verde. El siniestro estaba cubierto por dos pólizas concertadas con la parte demandada (aseguradora) el día 28 de agosto del mismo año, que aseguraban, respectivamente, el casco y la pesca que se encontraba a bordo.

La aseguradora rechazó la cobertura con base en los siguientes argumentos, que constituyen su defensa en la instancia: en esencia, sostuvo que el buque incumplía la exigencia de encontrarse en condiciones de navegabilidad en el momento del hundimiento. Las irregularidades detectadas al hacerse a la mar eran las siguientes: a) el despacho del buque estaba caducado; b) el patrón carecía de la titulación necesaria; c) se incumplieron las normas sobre tripulación mínima de seguridad; y d) la parte asegurada proporcionó a la compañía aseguradora información falsa sobre las circunstancias del siniestro.

El argumento esencial de la sentencia de instancia, dictada por el Juzgado de lo Mercantil núm. 1 de Pontevedra, para desestimar la reclamación — desarrollado a partir del fundamento jurídico quinto— se refiere al incumplimiento de las condiciones de navegabilidad del buque, como causa de exclusión de responsabilidad del asegurador, según lo previsto en el art. 5, e) de las condiciones generales. La sentencia califica estas causas como cláusulas de delimitación del riesgo, excluyentes de la exigencia de incorporación del art. 3 de la Ley de Contrato de Seguro (LCS). La sentencia aprecia las tres deficiencias que invocaba la aseguradora. Se alegaba como elemento de prueba clave un expediente sancionador incoado por la autoridad marítima: a) la caducidad del despacho; b) la titulación inadecuada de la tripulación; y c) el incumplimiento de las condiciones mínimas de seguridad de la tripulación.

Examen del requisito de la navegabilidad - *warranty of seaworthiness*

Resulta un elemento de delimitación del riesgo característico y esencial del contrato de seguro marítimo. Como acreditan los siguientes extractos de la Sentencia núm. 175/2017, de 20 de abril, dictada por la Sección 1ª de la Audiencia Provincial de Pontevedra (párrafos 24, 25 y 43):

> 24. *Pero siendo ello cierto, el requisito de la navegabilidad del buque resulta un elemento de delimitación del riesgo característico del contrato de seguro*

marítimo, como lo prueba el hecho de que el propio Código de Comercio, en su art. 756.7, exonera al asegurador del pago de la indemnización en caso de pérdida de los documentos administrativos relativos a la navegabilidad del buque. También se contempla expresamente la exigencia de navegabilidad del buque en el art. 444 de la vigente LNM, y la normativa y jurisprudencia internacionales admiten —desde hace más de un siglo—, como consustancial al aseguramiento, y a otros contratos de explotación del buque, la exigencia implícita de la warranty of seaworthiness. Todavía más claramente, las normas de la Institute Fishing Clauses establecen como causa de terminación del contrato, salvo pacto en contrario, la pérdida de la clase (vid. STS 3444/2013, de 12.6, y SAP Pontevedra 367/11, de 30.6, en la que exoneramos de pago a la aseguradora por incumplimiento por parte del asegurado de la obligación de mantenimiento de la clase), por lo que la navegabilidad, estadio anterior a la exigencia de una determinada clasificación, debe entenderse incluida.

25. Por ello, consideramos que la estipulación que obliga al asegurado a mantener la navegabilidad del buque una cláusula de delimitación del riesgo, y no una cláusula limitativa de los derechos del asegurado. Esta interpretación se ve confirmada por la reciente doctrina jurisprudencial que diferencia ambos conceptos (vid. STS 147/17, de 2.3, y 543/16, de 14.9). Por ello, la navegabilidad del buque, referida al mantenimiento de un estándar en relación con su estado general, sus partes accesorias y pertenencias, y su tripulación, que le permita la navegación sin más riesgos que los inherentes al viaje marítimo, es una obligación del asegurado, incluso anterior a la delimitación del riesgo como objeto del contrato. (Cfr. definición del UK Marine Insurance Act 1906, art. 39: A ship is deemed to be seaworthy when she is reasonably fit in all respects to encounter the ordinary perils of the seas of the adventure insured.)

43. En este punto del razonamiento, partiendo del hecho probado de que el Sr. Eugenio era el capitán del buque, y que no contaba con la titulación suficiente para desempeñar tal cometido, consideramos que ello constituye una infracción que incide en la navegabilidad, en el sentido amplio en el que más arriba hemos interpretado el término (vid. párrafo 25), en la medida en que incrementa el riesgo de la navegación, hasta el punto de constituir infracción grave a la seguridad y protección marítima, según la normativa administrativa (vid. apartado h, art. 307 Real Decreto Legislativo 2/2011, de 5 de septiembre , por el que se aprueba el Texto Refundido de la Ley de Puertos del Estado y de la Marina Mercante). Constituye también una infracción de la dotación mínima de seguridad, pues el patrón al mando carecía de la titulación exigible. No se trata de una infracción leve de la norma, irrelevante para la seguridad del buque, que la compañía de seguros deba tolerar como consecuencia de una visión realista del tráfico. No consideramos que se esté ante una "infracción de bagatela", insignificante, y menos en el ámbito del contrato de seguro…

La Sala concluye: "En consecuencia, los razonamientos sobre la falta de navegabilidad del buque por incumplimiento de la normativa sobre dotación mínima de seguridad, y sobre titulación del capitán, justifican la desestimación de la reclamación".

Tribunal Supremo. Sala de lo Civil. Sentencia núm. 160/2020, de 10 de marzo de 2020.

El Tribunal Supremo, tras un minucioso examen de la navegabilidad en nuestro derecho y jurisprudencia, se pronuncia además en la relación causal entre esa falta de navegabilidad y la producción del daño. No basta un incumplimiento administrativo si este no afecta al siniestro, esto es, el mero ilícito administrativo no deviene *per se* en la pérdida de la navegabilidad del buque.

Análisis del nexo causal

A los efectos decisorios del litigio debemos, pues, determinar, si la falta de titulación del primer patrón, así como el incumplimiento de las condiciones mínimas de seguridad del buque, influyeron decisivamente en el siniestro, y hemos de concluir que así fue.

Como declaró la STS 622/1998, de 29 de junio, la falta de titulación supone una presunción de impericia, que se ha visto corroborada con la actuación del patrón al mando, que se vio sobrepasado por los acontecimientos ocurridos, careciendo de la cualificación necesaria para abordarlos, con la diligencia y profesionalidad requeridos a un hombre de mar, que se hallara debidamente preparado para enfrentarse a un siniestro como el que constituye el objeto de este proceso.

En efecto, deviene hecho indiscutible que el Sr. Juan Pablo era el primer patrón del buque siniestrado, el cual únicamente contaba con el título de patrón costero polivalente, que le impedía mandar un barco en navegación a 540 millas de la costa, tal y como sucedió cuando se produjo la vía de agua que provocó el hundimiento. También carecía de la especialidad de Operador General del Sistema Mundial de Socorro y Seguridad Marítima llevaba tan solo un mes y siete días a bordo del buque, siendo su primer viaje.

En segundo lugar, todas las periciales son unánimes en el sentido de que una elemental precaución, ante una vía de agua que se expande por el barco, es dejar herméticamente cerrada la sala en la que se produjo la inundación, que, al ser compartimento estanco, evita que se desborde a otras dependencias del buque, que igualmente deben permanecer estancas, de manera que se garantice la flotabilidad del barco, permitiendo, en su caso, su salvamento. En el contexto expuesto, la conducta del Sr. Juan Pablo merece un claro reproche y fue causal en la génesis del resultado dañoso acaecido.

La Sala TS concluye:

En definitiva, la falta de cualificación de la tripulación fue elemento causal determinante en la producción del daño, circunstancia de la que era perfectamente consciente la entidad armadora del buque, que así lo consintió e incluso intentó justificar por las dificultades en la contratación de personal cualificado, según expresamente se alegó en el expediente sancionador incoado por la Administración a raíz de los presentes hechos. No puede olvidarse que, por encima del rendimiento económico de la empresa, prevalece el principio rector de la seguridad en la navegación, motivo por el cual debe aplicarse lo dispuesto en el art. 756.7 del Código de Comercio, al darse la relación causal conforme al conjunto argumental antes reseñado.

Por todo ello, la demanda se debe desestimar, entrando en el fondo de la cuestión desde el punto de vista de la causalidad, lo que se hace en este trance decisorio, y con ello se desestima este motivo cuarto de casación, que, aun no careciendo de base, adolece de efecto útil (SSTS 640/2013, de 25 de octubre; 677/2013, de 6 de noviembre; 233/2014, de 28 de abril y 409/2019, de 9 de julio).

Conclusiones:

1. Si bien el caso no se refiere a un contrato de transporte marítimo de mercancías y al deber de diligencia del porteador, sino que se trata de una acción entre el armador de un buque pesquero y su aseguradora H&M, el fallo es relevante porque se analiza en profundidad la cuestión de la navegabilidad en nuestro derecho, en el que rige el artículo 444 LNM: "El asegurado deberá mantener la navegabilidad del buque, embarcación o artefacto naval asegurado durante toda la duración del contrato".

2. La trascendencia del fallo es indudable: se acoge la visión amplia de la navegabilidad en línea con la jurisprudencia anglosajona (*CMA CGM LIBRA*), que no se limita al buque, sino que puede ampliarse en atención al caso, para abarcar también la navegación o la gestión negligente del buque. Se acoge igualmente la prueba *Mcfadden* sobre el "armador prudente" ya comentado anteriormente.

   > Partiendo del hecho probado de que el señor Eugenio era el capitán del buque, y que no contaba con las cualificaciones suficientes para llevar a cabo tal tarea, consideramos que ello constituye una infracción que afecta a la navegabilidad, en el sentido amplio en que hemos interpretado el término antes (ver párrafo 25), en la medida en que incrementa el riesgo de la navegación.

...si la compañía naviera, por las razones que fueren —la explicación de que no es fácil en el mercado encontrar trabajadores con la cualificación adecuada resulta claramente insatisfactoria como justificación— asumió el riesgo de poner el buque al mando de una persona sin la cualificación reglamentaria.

3. Como se puede observar, a la hora de valorar la intensidad del requisito de navegabilidad, los tribunales españoles no solo han ampliado su significado tradicional, yendo más allá del propio buque, sino que, en línea con la reciente sentencia del Tribunal Supremo del Reino Unido (*LIBRA),* han interpretado extensivamente el concepto de *armador prudente* de forma que la defensa del error en la navegación pueda resultar menos eficaz en el futuro.

7.3.2 Sentencia del Tribunal Superior de Justicia de Valencia, 31 enero 2005 (544/2005) [6]

Competencia de la Administración Marítima española para inspeccionar el Código IGS a los buques extranjeros en base al art. 6 del RD1737/2010

La apelante interpuso un recurso contencioso-administrativo contra varias resoluciones del Ministerio de Fomento y la Capitanía Marítima de Valencia que desestimaban la apelación presentada con relación a la tripulación mínima para la gabarra C.289 y la improcedencia de realizar informes sobre exención de practicaje, considerando que estas funciones corresponden a la Inspección de Seguridad Marítima y no a la Capitanía Marítima.

El tribunal revisó la normativa aplicable, en particular el Real Decreto 1837/2000, que regula las inspecciones y certificaciones de buques civiles. Este reglamento establece que el Ministerio de Fomento tiene la competencia para la inspección y control técnico de los buques civiles, en cumplimiento de los convenios internacionales como SOLAS y MARPOL, que regulan la seguridad marítima y la prevención de la contaminación marina.

Sobre la capacidad que ostenta la Administración Española de inspeccionar buques de pabellón extranjero, está recogida en el Real Decreto 1837/2000, de 10 de noviembre, en el artículo 45, el cual establece que la inspección de los buques de pabellón extranjero se regirá por el RD 1737/2010 de 23 de diciembre, que en su art. 6 —*Alcance del contenido de las actividades inspectoras*— señala expresamente:

---

6   https://www.poderjudicial.es/search/AN/openDocument/2ca5ee73b899fa86/20050407

5. El cumplimiento con las disposiciones del Código ISM o CGS, con sus disposiciones complementarias nacionales e internacionales, relativas a los buques y a sus respectivas empresas navieras.

7.3.3 Sentencia del TSJ de Madrid, 29 mayo 2014 (10138/2014)[7]

Alcance de una *no conformidad mayor*: detención del buque. Falta de mantenimiento (Regla 10). Falta de preparación para emergencias (Regla 8) CIGS.

La defensa argumentaba que había transcurrido más de un año desde la incoación del expediente (20 de octubre de 2008) hasta la notificación de la resolución (17 de abril de 2010), lo que evidenciaba su caducidad. Aunque la demandada intenta justificar la dilación mediante un acuerdo de ampliación de plazo, la recurrente sostenía que no se aplicaba correctamente el artículo 42.6 de la LRJAP, dado que no se cumplieron los requisitos necesarios para la ampliación.

La recurrente sostenía que las infracciones imputadas son injustas y que se está sancionando múltiples veces por la misma circunstancia. Se señala que no se han considerado adecuadamente las normativas aplicables y que se ha confundido la naturaleza de las deficiencias observadas por los inspectores. Es decir, la administración no ha seguido los procedimientos adecuados y las infracciones imputadas no están debidamente fundamentadas.

La Sala apreció la excepción de caducidad del expediente administrativo sancionador y no entró en el fondo del asunto, más allá de los aspectos procesales que no son relevantes en este caso. En cambio, las infracciones señaladas en el expediente sí resultan pertinentes en relación con el Código IGS:

Con carácter previo y general, debe recordarse que el expediente trae causa del hallazgo durante la inspección de, entre otros, un conjunto de deficiencias técnicas y operacionales de tal entidad que dieron lugar, cada una de ellas por sí misma, a la medida de policía administrativa de prohibir la navegación del buque por motivos de seguridad marítima. A este respecto, ha de tererse también en cuenta que, de acuerdo con las normas de inspección, para que se proceda a inmovilizar un buque, es preciso que, al menos, uno de los defectos hallados suponga un peligro manifiesto para la seguridad, siendo el Inspector —que satisface el perfil profesional exigido por el artículo 15— y el Anexo VII del Reglamento del RD 91/03, a quien corresponde valorar profesionalmente, aplicando los criterios contenidos también en la norma, si tal peligro existe o no, todo ello según disponen el artículo 11.2) y el Anexo VI del mismo Reglamento. En consecuencia, si hubo inmovilización, fue debido a que las condiciones del buque implicaban, de manera manifiesta, la puesta en peligro de la seguridad del mismo,

---

7   https://www.poderjudicial.es/search/AN/openDocument/46a2714a847c860d/20160224

habiéndose producido así el incumplimiento infractor al que se refiere el artículo 19 del repetido Reglamente, pues nos encontramos, literalmente, ante el supuesto contemplado por el artículo 115.2.m) de la Ley 27/92.

Del conjunto de múltiples deficiencias, se destacan las relativas al Código IGS:

- No llevar a cabo el mantenimiento de un buque, y de su equipo, de acuerdo con lo que, a tal efecto, disponga su Sistema de Gestión de la Seguridad, contraviene lo dispuesto por la Regla 10 del Código Internacional para la Gestión de la Seguridad Operacional del Buque y la Prevención de la Contaminación (Código ISM), de obligatorio cumplimiento en virtud del Capítulo X del SOLAS 74/78. En este se establece la obligación de la naviera a adoptar los procedimientos necesarios para garantizar que el mantenimiento del buque se efectúa de conformidad con los reglamentos y demás disposiciones legales a las que se sujeta. Por tanto, dicha omisión constituye otra infracción grave, tipificada por el artículo 115.2.k) de la Ley 27/92, en relación con la Regla 1.1.6) del Código ISM. Su sanción está prevista por artículo 120.2.b) del citado cuerpo legal.

  El hallazgo, en el Sistema de Gestión de la Seguridad, de una "mayor no conformidad" tal que se requiera de una auditoría o verificación extraordinaria con la finalidad de asegurar la adopción inmediata de las suficientes medidas correctivas (es decir un incumplimiento grave, según define el antes citado Código ISM en su Regla 1.1.10) equivale, por dicha definición, al supuesto de infracción grave, contra la seguridad marítima, del artículo 115.2.m) de la Ley 27/92 , con sanción prevista en el artículo 120.2.b) del mismo.

- La falta de conocimiento, por parte de los tripulantes, de los procedimientos para casos de incendio, o de familiarización con ellos, es contraria a lo previsto por la Regla 26.a.2 del capítulo 11-2) del SOLAS 74/78, en su forma aplicable al buque *KOZNITSA*; asimismo, vulnera lo dispuesto por las Reglas 1.4.5) y 8.2) del invocado Código ISM y, por tanto, constituye otra infracción, tipificada como grave, contra la seguridad marítima, por el artículo 115.2.m) de la Ley 27/92, con sanción prevista por el 120.2.b).

En relación con la falta de familiarización de los tripulantes con sus responsabilidades en situaciones de emergencia —particularmente, en casos de incendio—, es importante tener en cuenta la verificación directa efectuada por el inspector. Dicho inspector, según el Reglamento, tiene la obligación de evaluar si la tripulación puede responder eficazmente frente a los incendios.

Es crucial distinguir esto de la suposición de que los simulacros de emergencia no se llevan a cabo regularmente. Ya sea que se realicen o no estos ejercicios, la realidad es que los objetivos establecidos por el Código ISM en cuanto a la preparación para emergencias no se han cumplido. Específicamente, se incumple el mandato establecido en la Regla III/25.a) en relación con la III/26. 2.a) del SOLAS 74/78 en su forma consolidada de 1981, que era la normativa aplicable a este buque en lo que respecta a la prevención, detección y extinción de incendios. Las Reglas 8.1 y 8.2 del Código ISM, en cuanto a la preparación para enfrentar situaciones de emergencia, también se han pasado por alto al no adoptar procedimientos ni programas para determinar, describir y actuar ante las posibles situaciones de emergencia a bordo.

El Código CGS, según la Resolución A.441(XI), de 15 de noviembre de 1979, sobre el control por parte del Estado del pabellón sobre el propietario de un buque, establece que los Estados han de adoptar las medidas necesarias para garantizar que el propietario de todo buque que enarbole su pabellón les facilite la información necesaria para determinar quién es la persona con la cual el propietario del buque haya acordado asumir la responsabilidad en materia de seguridad marítima y protección del medio marino.

7.3.4   Sentencia del TSJ de Madrid, 22 enero 2016 (311/2016)[8]

Valor de las actas de inspección. Faltas de mantenimiento y formación. Falta de auditorías y verificaciones.

En el presente caso, el recurso contencioso administrativo impugnaba una resolución de la Secretaría General de Transportes, que desestimó un recurso de alzada interpuesto contra una sanción de la Dirección General de la Marina Mercante. La sanción imponía multas por un total de 80.000 € a una empresa y a una persona física (José Pedro) por siete infracciones graves, de acuerdo con el artículo 115 de la Ley 27/92 de Puertos del Estado y de la Marina Mercante.

La recurrente argumentaba que las deficiencias encontradas en el buque *NUADA* no ponían en peligro la seguridad marítima, y, por lo tanto, no podían incluirse dentro del tipo infractor descrito. Sin embargo, la administración sostenía que esta alegación no podía ser tenida en consideración: las deficiencias eran suficientemente graves para justificar la inmovilización del buque. Para ello, al menos uno de los defectos hallados ha de suponer un peligro manifiesto para la seguridad, siendo al inspector a quien le corresponde hacer la valoración y establecer las posibles sanciones.

La recurrente consideraba que se deben anular o aminorar las sanciones, valoradas en un total de 80.000 € por siete infracciones graves, pues consideraba que no se ajustan al principio de proporcionalidad, pero la administración consideraba que se ajustan a la ley, y que no se puede apreciar falta de proporcionalidad

---

8   https://www.poderjudicial.es/search/AN/openDocument/46a2714a847c860d/20160224

entre los hechos infractores, ya que son numerosas las deficiencias detectadas, señalando que las sanciones se impusieron dentro de los límites mínimos permitidos por la normativa.

Sobre el valor de las actas de la inspección:

Y por lo que respecta a la presunción de certeza de las actas impugnadas, no cabe sino poner de manifiesto la doctrina del Tribunal Supremo, que señala que la presunción de veracidad atribuida a las actas de la inspección se encuentra en la imparcialidad y especialización que, en principio, debe reconocerse al inspector actuante (sentencias, entre otras, de 18 de enero y 18 de marzo de 1991 y 1 de octubre de 1996). Presunción de certeza perfectamente compatible con el derecho fundamental a la presunción de inocencia —art. 24.2 CE—, ya que dichas actas tienen el carácter de prueba de cargo, pero se deja abierta la posibilidad de practicar prueba en contrario. Y es también reiterada la jurisprudencia que ha limitado el valor atribuible a las actas de inspección, limitando la presunción de certeza solo a los hechos que por su objetividad son susceptibles de apreciación directa por el inspector actuante, o a las inmediatamente deducibles de aquellos o acreditados por medios de prueba consignados en la propia acta como pueden ser documentos o declaraciones incorporadas a la misma.

En tercer lugar, concurre un insuficiente mantenimiento de la limpieza en la sala de máquinas, con acumulación de residuos oleosos en la sentina de la misma, lo que vulnera lo establecido en:

— *el artículo 4.3.f) del Convenio 134 de la Organización Internacional del Trabajo, relativo a la prevención de accidentes del trabajo de la gente de mar (ILO 134);*

— *la Regla 26.7 del capítulo II-1 del Convenio Internacional para la Seguridad de la Vida Humana en la Mar (SOLAS 74/78), en su versión vigente y aplicable al buque objeto del presente procedimiento;*

— *la sección 10 del Código Internacional de Gestión de la Seguridad Operacional del Buque y la Prevención de la Contaminación (Código IGS);*

— *el apartado 3.2.b) del Anexo VI sobre criterios para la inmovilización de un buque del Reglamento por el que se regulan las inspecciones de buques extranjeros en puertos españoles, aprobado por el Real Decreto 91/2003, de 24 de enero;*

— *y el Punto 2, de los aspectos relacionados con el Convenio SOLAS, del Apartado 3 sobre Deficiencias que pueden dar lugar a la detención del buque, del Apéndice 1 sobre Directrices para la detención de buques, de los Procedimientos para la supervisión por el Estado Rector del puerto, según la Resolución A.787(19), de 23 de noviembre de 1995, modificada por la Resolución A.882(21).*

Este incumplimiento está tipificado como infracción grave en el artículo 115.2.m) de la Ley 27/1992, de 24 de noviembre, de Puertos del Estado y de la Marina Mercante, el cual establece que constituyen infracciones contra la seguridad y protección marítimas: "m) Las acciones u omisiones no comprendidas en los apartados anteriores que pongan en peligro la seguridad del buque o de la navegación."

En cuarto lugar, se impone sanción por no encontrarse la tripulación familiarizada con los procedimientos esenciales de a bordo relativos a la prevención de la contaminación, y más concretamente con la manipulación de fangos y aguas de sentina. Este incumplimiento vulnera lo establecido en:

- la Regla 11 del Anexo I del Convenio Internacional para Prevenir la Contaminación por los Buques (MARPOL 73/78), en su versión vigente y aplicable al buque objeto del presente procedimiento;

- las Secciones 6.2 y 7 del Código Internacional de Gestión de la Seguridad Operacional del Buque y la Prevención de la Contaminación (Código IGS);

- el Apartado 3.2.m) del Anexo VI sobre Criterios para la inmovilización de un buque del Reglamento de inspecciones de buques extranjeros en puertos españoles, aprobado por el Real Decreto 91/2003, de 24 de enero;

- el Punto 13 de los Aspectos relacionados con el Convenio SOLAS, del Apartado 3 sobre Deficiencias que pueden dar lugar a la detención del buque, del Apéndice 1 sobre Directrices para la detención de buques, de los Procedimientos para la supervisión por el Estado Rector del puerto, Resolución A.787(19), adoptada el 23 de noviembre de 1995, y enmendada por la Resolución A.882(21), en relación con los párrafos 3.5.53 a 3.5.55.

Todo ello está tipificado como infracción grave en el artículo 115.4.c) de la Ley 27/1992, de 24 de noviembre, de Puertos del Estado y de la Marina Mercante (Ley 27/92), estando su sanción prevista en el artículo 120.2.d) del mismo texto legal.

En quinto lugar, se impone infracción por la falta de la declaración de la compañía recalcando, de forma inequívoca la autoridad del capitán, para:

- tomar las decisiones que sean precisas en relación con la seguridad y la prevención de la contaminación;

- pedir ayuda a la compañía en caso necesario.

Este incumplimiento vulnera lo establecido en:

- la Regla 3 del Capítulo IX del Convenio Internacional para la Seguridad de la Vida Humana en la Mar (SOLAS 74/78), en su versión vigente y aplicable al buque objeto del presente procedimiento;

- la Sección 5.2 del Código Internacional de Gestión de la Seguridad Operacional del Buque y la Prevención de la Contaminación (Código IGS).

Este hecho está tipificado como infracción grave en el art. 115.2.m) de la Ley 27/1992, de 24 de noviembre, de Puertos del Estado y de la Marina Mercante (Ley 27/92).

En sexto lugar, por la falta de evidencias de que la compañía haya efectuado auditorías internas a bordo del buque a intervalos que no excedan de 12 meses, para verificar que las actividades relacionadas con la seguridad y la prevención de la contaminación se ajustan al Sistema de Gestión de la Seguridad, vulnera lo establecido en:

- la Regla 3 del Capítulo IX del Convenio Internacional para la Seguridad de la Vida Humana en la Mar (SOLAS 74/78), en su versión vigente y aplicable al buque objeto del presente procedimiento;

- las Secciones 11.3 y 12.1 del Código Internacional de Gestión de la Seguridad Operacional del Buque y la Prevención de la Contaminación (Código IGS).

Este incumplimiento está tipificado como infracción grave en el Art. 115.2.m) de la Ley 27/1992, de 24 de noviembre, de Puertos del Estado y de la Marina Mercante (Ley 27/92), estando su sanción prevista en el Art. 120.2.b) del mismo texto legal. El artículo 115.2.m) de la Ley 27/1992, de 24 noviembre, considera infracción grave contra la seguridad y la prevención de la contaminación, la falta de petición de ayuda a la compañía en caso necesario, tipo infractor distinto del referido anteriormente en la letra c) apartado 4 del artículo 115, por cuanto que protege bienes jurídicos distintos, por lo que ha de rechazarse la tesis actora de que los hechos que lo integran, que han quedado acreditados en el expediente sancionador, habrían debido subsumirse en la infracción tipificada en el artículo 115.4.c) de la Ley 27/1992.

Con respecto a las auditorías internas, el apartado 12 del Convenio establece:

- 12. Verificación por la compañía, examen y evaluación.

- 12.1 La compañía efectuará auditorías internas para comprobar que las actividades relacionadas con la seguridad y la prevención de la contaminación se ajustan al SGS.

El tribunal se pronuncia estableciendo que los intervalos para realizar las auditorías no deben exceder de los 12 meses. Este período de tiempo es el que se establece en el Reglamento del Parlamento Europeo y del Consejo 336/2006, sobre la aplicación en la UE del Código Internacional de Gestión de Seguridad en el artículo 5.3:

El Documento de cumplimiento conservará su validez durante cinco años a partir de su fecha de expedición, a condición de que se realice una verificación anual que confirme el buen funcionamiento del sistema de gestión de seguridad y corrobore que toda modificación efectuada desde la última verificación se ajusta a las disposiciones del Código IGS.

Además, en la Parte B de "Certificación y verificación periódica", en el artículo 13.4 indica:

> *La validez de un Documento de cumplimiento estará sujeta a una verificación anual de la administración, de una organización reconocida por esta o, a petición de la administración, de otro gobierno contratante, en los tres meses anteriores o posteriores a su fecha de vencimiento.*
>
> *En el reglamento sobre la aplicación en la comunidad del Código Internacional de Gestión de la Seguridad, en el punto 1.1.6, se establece que: "Certificado de gestión de la seguridad: un documento expedido a un buque como testimonio de que la compañía y su gestión a bordo del buque se ajustan al sistema de gestión de la seguridad aprobado". Este solo puede ser expedido por la Administración u organización reconocida por esta, si su gestión a bordo se ajusta al sistema de seguridad de gestión aprobado.*

7.3.5 Sentencia del TSJ Madrid, 26 octubre 2022 (12652/2022) [9]

Legislación española y CIGS. Omisión de la comunicación de un incidente. Aplicación del RD 210/2004 art. 19,4. Obligación legal de comunicación en el derecho español para buques sujetos al CIGS.

En cuanto a la aplicación del Código de Gestión de Seguridad (CGS), el Tribunal se pronuncia en un caso en el que el capitán incumplió el deber de comunicar el incidente de forma inmediata a la administración, conforme lo establecido en el RD 210/2004, de 6 de febrero, por el que se establece un sistema de seguimiento y de información sobre el tráfico marítimo, que dispone en el artículo 17. Por el que se instaura que se debe comunicar inmediatamente a las estaciones costeras de cualquier fallo o incidente que se pueda producir en el buque.

---

9   https://www.poderjudicial.es/search/AN/openDocument/b758f191abe626cba0a8778d75e36f0d/20221125

Incumplimiento de las condiciones de remolque

Se establece una multa pecuniaria por el incumplimiento de las condiciones establecidas en un proyecto de remolque de una pontona desde Cartagena a Cádiz. Este remolque fue aprobado por la Capitanía del Puerto de Cartagena. Este plan establecía que la operación debía realizarse bajo condiciones meteorológicas favorables, con vientos inferiores al nivel 5 en la escala de Beaufort, y que, en caso de empeoramiento de las condiciones, se debía acudir a puertos de refugio.

El día 24 de abril de 2017, se inició el remolque después de que el capitán del remolcador *Monte da Luz* verificara las previsiones meteorológicas, sin observar problemas significativos. Sin embargo, durante el trayecto, las condiciones empeoraron y se solicitó autorización para entrar en un puerto de refugio; Málaga era el más cercano. Las autoridades del puerto denegaron la entrada y ofrecieron fondear cerca del puerto, opción que fue descartada por el capitán debido a la falta de anclas de la pontona, lo que hacía inviable estabilizar el remolque.

Ferrovial se encargó, a través de la consignataria Servimad, de gestionar la asistencia de remolcadores. Esta comunicó que la Autoridad Portuaria no autorizaba la salida de los remolcadores a menos que se declarara una situación de emergencia, lo cual se hizo, pero el remolque se soltó y la pontona encalló en Benalmádena.

Los demandantes alegan que el Inspector de la Capitanía de Cartagena aprobó las condiciones meteorológicas antes de salir; además, consideran que no se vulneraron las previsiones del plan de remolque y que la negativa del puerto de Málaga imposibilitó la entrada en puerto seguro.

El recurrente sostuvo que la Administración impuso una sanción atentando contra el principio de confianza legítima y buena fe por haber realizado el transporte de la pontana incumpliendo las previsiones del estudio de remolque, ya que fue el inspector de la Capitanía Marítima de Cartagena quien examinó las previsiones y autorizó el remolque. El tribunal se acogió a lo alegado por la Administración, que sostiene que dicho inspector solamente se ocupó de comprobar las especificaciones técnicas, y que la determinación de las condiciones atmosféricas corresponde al capitán del remolcador, como director técnico de la navegación del buque. Él mismo es quien ha de valorar si zarpar o no, sin que dichas funciones puedan ser obstaculizadas por un inspector marítimo.

Omisión de comunicación

En cuanto a la segunda infracción, se imputa a la recurrente, ya sea a través de su centro de operaciones o del capitán del remolcador, el incumplimiento del

deber de comunicar de forma inmediata el incidente, cuando estaba comprometida la seguridad del remolcador y de su remolque. La Administración refiere que
dicha obligación viene impuesta por los artículos 17.1 y 19.4 del RD 210/2004,
de 6 de febrero, por el que se establece un sistema de seguimiento y de información sobre el tráfico marítimo. Resulta muy ilustrativa la dicción literal del precepto:

> *Art. 19. 4: El capitán de un buque al que se apliquen las disposiciones del
> Código IGS informará a la empresa naviera, con base en dicho Código, de
> cualquier incidente o accidente a los que se refiere el apartado 1 del artículo
> 17. En cuanto haya sido informada de tal situación, la empresa deberá po-
> nerse en comunicación con la estación costera competente y ponerse a su
> disposición en la medida necesaria.*

De los artículos del reglamento anterior podemos extraer la obligación de la Administración de establecer un sistema técnico apto para que los capitanes o los
centros de operaciones de las empresas propietarias de los buques puedan comunicar las incidencias y accidentes. Con este sistema de comunicación, es su
obligación comunicar de forma inmediata los accidentes e incidentes.

El Código, en su Regla 8, exige que los buques estén preparados para situaciones
de emergencia y que las empresas establezcan procedimientos claros para
afrontarlos. En este caso, cuando las condiciones meteorológicas empeoraron
durante el trayecto, el capitán del remolcador intentó buscar refugio en el puerto
de Málaga, una acción preventiva que muestra una preocupación por la seguridad de la operación, como lo establece el Código. No obstante, la negativa del
puerto de permitir el ingreso y la sugerencia de fondear, aunque desaconsejable
según el capitán, genera una discusión sobre si se cumplió de manera adecuada
con los principios de preparación y gestión de emergencia del ISM. El artículo 5
del ISM otorga la responsabilidad tanto al capitán como a la naviera de garantizar
que las operaciones se desarrollen conforme a la normativa y de forma segura.

Bibliografía

- Alexopoulos, A. B., & Konstantopoulos, N. (2006). New elements in international maritime standards: Developing a safety case approach for the treatment of tanker incidents. Operational Research, 6, 55–68. https://doi.org/10.1007/BF02941138

- Allianz Commercial. (2024, mayo). *Safety and Shipping Review 2024.* Recuperado de https://commercial.allianz.com/news-and-insights/reports/shipping-safety.html

- American Bureau of Shipping (ABS). (2010). *Guidance on the Revised ISM Code Clause 1.2.2.2.* Recuperado de https://ww2.eagle.org/content/dam/eagle/regulatory-news/2010/ABS%20Guidance%20on%20ISM%20Code%20Clause%201%202%202%202.pdf

- American Bureau of Shipping (ABS). (2020). *Guidance Notes on Risk Assessment Applications for the Marine and Offshore Industries.* Recuperado de https://ww2.eagle.org/content/dam/eagle/rules-and-guides/current/other/97_riskassessapplmarineandoffshoreoandg/risk-assessment-gn-may20.pdf

- Anderson, P. (2015). *The ISM Code: A practical guide to the legal and insurance implications* (3ª ed.). Informa Law from Routledge. ISBN 978-1843118855.

- BIMCO. *Shipping KPI.* Recuperado de https://www.shipping-kpi.org

- Bishop, P. G., & Bloomfield, R. E. (1995). *The SHIP safety case approach.* En G. Rabe (Ed.), Safe Comp 95 (pp. 437–451). Springer. Recuperado de https://doi.org/10.1007/978-1-4471-3054-3_30

- Britannia P&I Club. (2024, 14 de agosto). *Understanding effective risk assessment in marine transportation.* Recuperado de https://britanniapandi.com/2024/08/understanding-effective-risk-assessment/

- Britannia P&I Club. (s.f.). *Rule 28: Classification and Condition of Ships.* Recuperado de https://britanniapandi.com/rules/pi-class-3/part-iv-pi-class-3/rule-28/

- Dixon v. Sadler, (1839) 5 M. & W. 405; (1841) 8 M. & W. 895; 151 E.R. 172.

- DNV. (2015, marzo). *DNV Energy Transition Outlook 2021 - Maritime forecast to 2050*. Recuperado de https://maritimecyprus.files.wordpress.com/2015/03/dnv-

- Dourmas, G. N., Nikitakos, N. V., & Lambrou, M. A. (2007). *A methodology for rating and ranking hazards at formal safety assessment using fuzzy logic*. Archives of Transport, 19, 23–34. Recuperado de https://yadda.icm.edu.pl/baztech/element/bwmeta1.element.baztech-5086b886-5251-402e-93ab-de3d537d63c0/c/JPSRA_1_2007_Dourmas.pdf

- Fundación Skarregak. (Recuperado de https://skagerrak.org/costa-concordia-avdekker-italiensk-brudd-pa-sjosikkerheten-og-rettssikkerheten/

- Galieriková, A. (2019). *The human factor and maritime safety*. Transportation Research Procedia, 40, 1319–1326. Recuperado de: https://doi.org/10.1016/j.trpro.2019.07.183

- Ghosh, S., & Daszuta, W. (2019). *Failure of risk assessment on ships: Factors affecting seafarer practices*. Australian Journal of Maritime & Ocean Affairs, 11(3), 185–198. Recuperado de https://www.tandfonline.com/doi/abs/10.1080/18366503.2019.1658277

- Goldman v. Thai Airways International Ltd, [1983] 3 All ER 693. Recuperado de https://www.cambridge.org/core/journals/international-law-reports/article/abs/goldman-v-thai-airways-international-ltd/F771A36ABAD1998BE97BFC6BCE07660B

- González Cabrera, I. (2002). *La limitación de la responsabilidad del naviero: análisis del derecho vigente* (Tesis doctoral). Universidad de Las Palmas de Gran Canaria. Recuperado de http://hdl.handle.net/10553/2137

- Green-Jakobsen. (*Why KPIs in a shipping company*. Recuperado de http://green-jakobsen.com/why-kips-in-a-shipping-company.

- Guzmán Escobar, J. V. (2007). *Seguridad en el mar: algunas implicaciones legales de los códigos IGS y PBIB*. Revista e-Mercatoria, 6(2), 1–17. Recuperado de https://revistas.uexternado.edu.co/index.php/emerca/article/view/2059

- Horck, J. (2007). *The ISM Code versus the STCW Convention: MET efforts – challenges convene?* The Nautical Institute. Recuperado de https://www.nautinst.org/resources-page/he00720---the-ism-code-versus-the-stcw-convention--met-efforts---challenges-convene-.html

- International Association of Classification Societies. (2021*). A Guide to Risk Assessment in Ship Operations* (Recomendación 127 Rev.1). https://iacs.org.uk/resolutions/recommendations/121-140/rec-127-rev1-cln

- International Chamber of Shipping, BIMCO, Oil Companies International Marine Forum, INTERTANKO, International Union of Marine Insurance, & World Shipping Council. (2021). *The Guidelines on Cyber Security Onboard Ships* (Versión 4). Recuperado de https://www.ics-shipping.org/resource/guidelines-on-cyber-security-onboard-ships-version-four/

— Japan P&I Club. (2002, 29 de marzo). *International Safety Management (ISM) Code*. Recuperado de https://www.piclub.or.jp/en/news/10099

— Kokotos, D. X. (2013). *A study of shipping accidents validates the effectiveness of ISM-Code.* European Scientific Journal, 9(19), 387–392. https://doi.org/10.19044/esj.2013.v9n19p%25p

— Kontovas, C. A. (2005). *Formal Safety Assessment: Critical Review and Future Role* (Tesis de diploma). Escuela Técnica Superior de Ingeniería Naval, Universidad Técnica Nacional de Atenas. Recuperado de https://www.martrans.org/docs/theses/kontovas.pdf

— Lappalainen, J. (2008). Transforming maritime safety culture: Evaluation of the impacts of the ISM Code on maritime safety culture in Finland. Turku, Finland: Centre for Maritime Studies, University of Turku.

— Marine Regulations News. (2024, 21 de octubre). *IMO's review of ISM Code: Enhancing safety and addressing human element issues*. Recuperado de https://www.marineregulations.news/imos-review-of-ism-code-enhancing-safety-and-addressing-human-element-issues/

— Maritime Activity Reports, Inc. (2002, 2 de julio). *ISM Code Enters Second Phase of Implementation.* MarineLink. Recuperado de https://www.marinelink.com/news/implementation-enters318137

— Maritime and Coastguard Agency. (2024, 28 de marzo). *Code of Safe Working Practices for Merchant Seafarers (COSWP) 2024*. Recuperado de https://www.gov.uk/government/publications/code-of-safe-working-practices-for-merchant-seafarers-coswp-2024

— Maritime Cyprus. (2015). Recuperado de https://maritimecyprus.files.wordpress.com/2015/03/dnv

— Maritime Cyprus. (2024, 6 de octubre). *IMO study on the effectiveness and implementation of the ISM Code.* Recuperado de https://maritimecyprus.com/2024/10/06/imo-study-on-the-effectiveness-and-implementation-of-the-ism-code/

— Martí Rodrigo, C. (2008). *Régimen jurídico y metodología de investigación de siniestros marítimos* [Tesis de licenciatura, Universitat Politècnica de Catalunya]. UPCommons

— Mok, I., D'Agostini, E., & Ryoo, D. (2023). A validation study of ISM Code's continual effectiveness through a multilateral comparative analysis of maritime accidents in Korean waters. Journal of Navigation, 76(1), 77–90. https://doi.org/10.1017/S0373463322000571

— Mousavi, M., Ghazi, I., & Omaraee, B. (2017). *Risk assessment in the maritime industry*. Engineering, Technology & Applied Science Research, 7(1), 1377–1381. Recuperado de https://etasr.com/index.php/ETASR/article/view/836

— National Transportation Safety Board. (2017). *Sinking of US Cargo Vessel SS El Faro, Atlantic Ocean, Northeast of Acklins and Crooked Island, Bahamas, October 1, 2015 (Marine Accident Report NTSB/MAR-17/01)*. Washington, DC: NTSB. Recuperado de https://www.ntsb.gov/investigations/AccidentReports/Reports/MAR1701.pdf

— Navas Garatea, M. (2003). La navegabilidad del buque en el Derecho marítimo internacional. Gobierno Vasco.

— Officer of the Watch. (2012, 7 de julio). *IACS Guide to Risk Assessment in Ship Operations*. Recuperado de https://officerofthewatch.com/2012/07/07/iacs-risk-assessment/

— Organización Marítima Internacional (OMI). (2002). Directrices para la Evaluación Formal de la Seguridad (FSA) para su uso en el proceso normativo de la OMI (MSC/Circ.1023 - MEPC/Circ.392).

— Organización Marítima Internacional (OMI). (2005). Enmiendas a las Directrices para la Evaluación Formal de la Seguridad (FSA) para su uso en el proceso normativo de la OMI (MSC/Circ.1180 - MEPC/Circ.474).

— Organización Marítima Internacional (OMI). (2006). Enmiendas a las Directrices para la Evaluación Formal de la Seguridad (FSA) para su uso en el proceso normativo de la OMI (MSC-MEPC.2/Circ.5).

— Organización Marítima Internacional (OMI). (2013). Directrices revisadas para la Evaluación Formal de la Seguridad (FSA) para su uso en el proceso normativo de la OMI (MSC-MEPC.2/Circ.12/Rev.1).

— Organización Marítima Internacional. (2024, 26 de julio). Subcomité de Implementación de Instrumentos de la OMI (III 10), 22-26 de julio de 2024. Recuperado de https://www.imo.org/en/MediaCentre/MeetingSummaries/Pages/III-10th-session.aspx

— Organización Marítima Internacional. *Evaluación Formal de la Seguridad*. Recuperado de https://www.imo.org/es/OurWork/Safety/Pages/FormalSafetyAssessment.aspx

— Organización Marítima Internacional. Sistema Mundial Integrado de Información Marítima (GISIS). Recuperado de https://gisis.imo.org/Public/

— Pamboridis, G. P. (1996). *The ISM Code: Potential Legal Implications*. International Maritime Law, 2, 56-62.

— Paris MoU. (2024). *Inspection results & deficiencies*. Recuperado en octubre de 2024, de

– Richardson, J. (1998). *The Hague and Hague- Rules* (4.ª ed.). LLP.

– Rodrigo de Larrucea, J. (2013). Las enmiendas de Manila 2010 al Convenio STCW: Un nuevo perfil formativo para la gente de mar. Recuperado de https://upcommons.upc.edu/handle/2117/18234

– Rodrigo de Larrucea, J. (2015). *Seguridad Marítima. Teoría general del riesgo*. Marge Books.

– Rodrigo de Larrucea, J., & Lueje, E. (2020). *Los incidentes (near misses) en la gestión proactiva de la seguridad marítima: modelos y marco jurídico* [Tesis doctoral]. Universitat Politècnica de Catalunya. Recuperado de https://upcommons.upc.edu/handle/2117/336235

– Royal Institution of Naval Architects (RINA). (s.f.). *Formal Safety Assessment studies by ship type*. Recuperado de https://www.rina.org.uk/article801.html

– SAFEDOR Project Research EU. Resources. Recuperado de https://www.sciencedirect.com/science/article/pii/S1877042812027899

– SAFEDOR Project. *Design, Operation and Regulation for Safety*. Recuperado de https://cordis.europa.eu/project/id/516278/reporting

– *Sea Health & Welfare*. (s.f.). Nearmiss.dk. Recuperado de https://www.nearmiss.dk/

– Sharma, D. R., & Simonsen, S. (2023*). Ensuring the quality of ISM audits – The role and adequacy of the legal framework of auditing*. Marine Safety and Security Law Journal, (12). Recuperado de https://www.marsafelawjournal.org/contributions/ensuring-the-quality-of-ism-audits-the-role-and-adequacy-of-the-legal-framework-of-auditing/

– SHIPMAN BIMCO - Cláusula 4: Manager Obligations.

– Storgård, J., Erdoğan, I., & Tapaninen, U. (2010). *Incident reporting in shipping: Experiences and best practices for the Baltic Sea*. Centre for Maritime Studies, University of Turku. Recuperado de https://www.utu.fi/sites/default/files/media/MKK/A59_incident%20reporting.pdf

– Sánchez Sánchez, D. (2018). *Los análisis HAZID y HAZOP en la evaluación formal de seguridad*. Propuestas de mejora [Trabajo de fin de grado, Universitat Politècnica de Catalunya]. UPCommons. https://upcommons.upc.edu/handle/2117/130493

– Tetley, W. (2002). *International Maritime and Admiralty Law* (p. 290). Cowansville, Québec: Éditions Yvon Blais.

– Thatcher, J. *The value of near-miss reporting. BWC's Division of Safety & Hygiene*. Recuperado de https://www.bwc.ohio.gov/downloads/blankpdf/SafetyTalk_Nearmissreport.pdf

— Wang, Z. (2006). *The use of near misses in maritime safety management*. World Maritime University, Dalian Maritime University, China. Recuperado de https://commons.wmu.se/all_dissertations/415/

— Wikipedia. (s.f.). *SS El Faro*. En Wikipedia, la enciclopedia libre. Recuperado el 14 de febrero de 2025, de https://en.wikipedia.org/wiki/SS_El_Faro

— Withington, S. (2006). *ISM – What has been learned from marine accident investigation?* Recuperado de https://www.nautinst.org/static/06a646e9-5b15-4b08-89a83aa5205ab106/HE00475-ISM-2013-What-has-been-learned-from-marine-accident-investigation.pdf

— https://parismou.org/Statistics%26Current-Lists/inspection-results-deficiencies.

Noticias

— Diario del Puerto. (2017, 28 de junio). Maersk sufre un ciberataque a escala mundial. Recuperado de https://www.diariodelpuerto.com/maritimo/es15404881030567640-DPGD15404881030567640

— EP. (2017, 16 de agosto). Maersk calcula que el ciberataque le costó entre 171 y 256 millones de euros. EL PAÍS. Recuperado de https://elpais.com/economia/2017/08/16/actualidad/1502901718_899223.html

— Naucher. (s.f.). Schettino insiste en afirmar su inocencia en el naufragio del Costa Concordia. Recuperado de https://www.naucher.com/schettino-insiste-en-afirmar-su-inocencia-en-el-naufragio-del-costa-concordia/

— Redacción El Debate. (2025, 21 de enero). Un hacker italiano de tan solo 15 años modifica las rutas de varios petroleros del Mediterráneo por diversión. Recuperado de https://www.eldebate.com/sociedad/20250121/hacker-italiano-solo-15-anos-modifica-rutas-varios-petroleros-mediterraneo-diversion_262887.html

Legislación

Internacional

- Convenio Internacional para la Unificación de Ciertas Reglas en Materia de Conocimientos de Embarque, hecho en Bruselas el 25 de agosto de 1924.

- Protocolos que modifican el Convenio Internacional para la Unificación de Ciertas Reglas en Materia de Conocimientos de Embarque, hechos en Bruselas el 23 de febrero de 1968 y 1979.

- Convenio Internacional relativo a la limitación de la responsabilidad de los propietarios de buques que navegan por alta mar, hecho en Bruselas el 10 de octubre de 1957.

- Convenio sobre limitación de la responsabilidad nacida de reclamaciones de derecho marítimo, hecho en Londres el 19 de noviembre de 1976.

- Convenio Internacional para la Seguridad de la Vida Humana en el Mar (SOLAS), 1974.

- Organización Marítima Internacional. (1974). Convenio Internacional para la Seguridad de la Vida Humana en el Mar (SOLAS). Capítulo III, regla 28.

- Convenio de las Naciones Unidas sobre el Transporte Marítimo de Mercancías (Reglas de Hamburgo), 1978. Artículo 4, párrafos 1 y 2.

- Protocolo de 1996 que enmienda el Convenio sobre limitación de la responsabilidad nacida de reclamaciones de Derecho Marítimo, 1976.

- Organización Marítima Internacional. (2008, 10 de octubre). Guía sobre la notificación de cuasi accidentes (MSC-MEPC.7/Circ.7).

- Organización Marítima Internacional. (2018). Revised guidelines for Formal Safety Assessment (FSA) for use in the IMO rule-making process (MSC-MEPC.2/Circ.12/Rev.2).

- International Organization for Standardization (ISO). (2018). ISO 31000:2018 Risk management – Guidelines.

Comunitaria

- Parlamento Europeo y Consejo de la Unión Europea. (2006). Reglamento (CE) n.º 336/2006 sobre la aplicación en la Comunidad del Código internacional de gestión de la seguridad y por el que se deroga el Reglamento (CE) n.º 3051/95 del Consejo. *Diario Oficial de la Unión Europea*, L 64, 1-36.

Inglesa

- *Merchant Shipping Act* 1894, c. 60 (Regnal. 57_and_58_Vict). Recuperado de https://www.legislation.gov.uk/ukpga/Vict/57-58/60/contents
- *Marine Insurance Act* 1906, c. 41. (Reino Unido). Recuperado de https://www.legislation.gov.uk/ukpga/Edw7/6/41/contents
- *Carriage of Goods by Sea Act* 1971, c. 19. Recuperado de https://www.legislation.gov.uk/ukpga/1971/19/contents
- *Merchant Shipping (Salvage and Pollution) Act* 1994, c. 28. Recuperado de https://www.legislation.gov.uk/ukpga/1994/28/enacted

Nacional española

- *Boletín Oficial del Estado*. (1998, 22 de mayo). Código internacional de gestión de la seguridad operacional del buque y la prevención de la contaminación. BOE-A-1998-11898.
- *Boletín Oficial del Estado*. (2002, 16 de diciembre). Enmiendas de 2000 al Código Internacional de Gestión de la Seguridad (IGS) adoptadas el 5 de diciembre de 2000 mediante Resolución MSC.104(73). BOE-A-2002-24435.
- *Boletín Oficial del Estado*. (2007, 16 de febrero). Enmiendas de 2004 al Código Internacional de gestión de la seguridad operacional del buque y la prevención de la contaminación (Código IGS), aprobadas el 10 de diciembre de 2004, mediante Resolución MSC.179(79). BOE-A-2007-3290.
- *Boletín Oficial del Estado*. (2008, 25 de noviembre). Enmiendas de 2005 al Código Internacional de gestión de la seguridad operacional del buque y la prevención de la contaminación [Código IGS], adoptadas el 20 de mayo de 2005 mediante Resolución MSC.195(80). BOE-A-2008-18986.
- *Boletín Oficial del Estado*. (2010, 16 de noviembre). Enmiendas de 2008 al Código Internacional de gestión de la seguridad operacional del buque y la prevención de la contaminación (Código IGS), adoptadas el 4 de diciembre de 2008 mediante Resolución MSC.273(85). BOE-A-2010-17573.

- *Boletín Oficial del Estado*. (2011, 20 de octubre). Real Decreto Legislativo 2/2011, de 5 de septiembre, por el que se aprueba el Texto Refundido de la Ley de Puertos del Estado y de la Marina Mercante.

- *Boletín Oficial del Estado*. (2015, 25 de julio). Ley de Navegación Marítima 14/2014.

- *Boletín Oficial del Estado*. (2015, 28 de mayo). Enmiendas de 2013 al Código Internacional de gestión de la seguridad operacional del buque y la prevención de la contaminación (Código IGS), adoptadas el 21 de junio de 2013 mediante Resolución MSC.353(92). BOE-A-2015-5852.

- Instrumento de Ratificación del Convenio sobre limitación de la responsabilidad nacida de reclamaciones de derecho marítimo, hecho en Londres el 19 de noviembre de 1976. Publicado en el *Boletín Oficial del Estado* número 310, el 27 de diciembre de 1986, páginas 42175 a 42180.

- Instrumento de Adhesión de España al Protocolo de 1996 que enmienda el Convenio sobre limitación de la responsabilidad nacida de reclamaciones de Derecho Marítimo, 1976, hecho en Londres el 2 de mayo de 1996. Publicado en el *Boletín Oficial del Estado* número 50, el 28 de febrero de 2005, páginas 7177 a 7183.

- Instrumento de Ratificación del Convenio Internacional relativo a la limitación de la responsabilidad de los propietarios de buques que navegan por alta mar, hecho en Bruselas el 10 de octubre de 1957. Publicado en el *Boletín Oficial del Estado*, núm. 174, de 21 de julio de 1970, páginas 12576 a 12583.

Jurisprudencia

Jurisprudencia inglesa

1. *Dixon v. Sadler* (1835) 151 E.R. 172

2. McFadden v. Blue Star Line [1905] 1 K.B. 697

3. Lennard's Carrying Co Ltd v. Asiatic Petroleum Co Ltd [1915] A.C. 705

4. *Edwards v. National Coal Board* [1949] 1 K.B. 704; [1949] 1 All E.R. 743 (C.A.)

5. Riverstone Meat Co Pty Ltd v. Lancashire Shipping Co Ltd (The Muncaster Castle) [1959] 1 Q.B. 74

6. Hong Kong Fir Shipping Co Ltd v Kawasaki Kisen Kaisha Ltd [1962] 2 QB 26

7. San Basilio S.A. v. The Oceanus Mutual Underwriting Association (Bermuda) Ltd (The Eurysthenes) [1976] 2 Lloyd's Rep. 171

8. *R v. Lawrence (Stephen)* [1982] A.C. 510 (House of Lords)

9. Philip Goldman and Thai Airways International Limited [1983] EWCA Civ J0505-4

10. Grand Champion Tankers v. Norpip AIS (The Marion) [1984] A.C. 563

11. Arthur Guinness, Son & Co (Dublin) Ltd v. The Freshfield (Owners) (The Lady Gwendolen) [1965] 1 Lloyd's Rep. 335

12. *The Toledo* [1995] 1 Lloyd's Rep. 40

13. Eridania SpA & others v. Rudolf A. Oetker & others [2000] 2 Lloyd's Rep. 191

14. Papera Traders Co. Ltd. and Others v. Hyundai Merchant Marine Co. Ltd. and Another (The Eurasian Dream) [2002] EWHC 118 (Comm); [2002] 1 Lloyd's Rep. 719

15. *The Torepo* [2002] EWHC 1481 (Admlty); [2002] 2 Lloyd's Rep. 535

16. Sabah Shell Petroleum Co Ltd v. The Owners of and/or Any Other Persons Interested in the Ship or Vessel the Borcos Takdir [2012] 5 MLJ 515

17. Sea Glory Maritime Co. and Another v. Al Sagr National Insurance Co (The M/V Nancy) [2014] 1 Lloyd's Rep. 14

18. Alize 1954 v. Allianz Elementar Versicherungs AG (The CMA CGM LIBRA) [2020] EWCA Civ 293

Jurisprudencia española

1. Sentencia del Tribunal Superior de Justicia de Valencia, 31 enero 2005 (544/2005)

2. Sentencia del TSJ de Madrid, 29 mayo 2014 (10138/2014)

3. Sentencia del TSJ de Madrid, 22 enero 2016 (311/2016)

4. Sentencia 00175/2017. SAP Pontevedra núm. 175, 20 abril 2017; Tribunal Supremo. Sala de lo Civil. Sentencia núm. 160/2020.

5. Sentencia del TSJ de Madrid, 26 octubre 2022 (12652/2022)